肥妈食客私房菜

《食客准备》栏目组　　肥妈（玛利亚）◎著

U0212919

重庆出版集团 重庆出版社

图书在版编目(CIP) 数据

肥妈食客私房菜/《食客准备》栏目组，肥妈（玛利亚）著.
－ 重庆：重庆出版社，2015.5
ISBN 978-7-229-09600-7

I.①肥… Ⅱ.①食… ②肥… Ⅲ.①家常菜肴－菜谱 Ⅳ.①TS972.12

中国版本图书馆CIP数据核字（2015）第 051791 号

肥妈食客私房菜
FEIMA SHIKE SIFANGCAI

《食客准备》栏目组　肥妈（玛利亚）　著

出 版 人：罗小卫
策　　划：中资海派·重庆科韵文化传播有限公司
执行策划：黄　河　桂　林
责任编辑：肖化化
特约编辑：杨华妮
责任校对：何建云
版式设计：王　芳　张　英
封面设计： 零创意文化

重庆出版集团
重庆出版社 出版

（重庆市南岸区南滨路162号1幢　邮政编码：400061）

深圳市福圣印刷有限公司制版印刷
重庆出版集团图书发行有限公司发行
邮购电话：023-61520646
E-MAIL：fxchu@cqph.com

重庆出版社天猫旗舰店
cqcbs.tmall.com

全国新华书店经销

开　本：787mm×1092mm　1/16　印　张：19　字　数：273千
2015年5月第1版　2015年10月第2次印刷
定价：39.80元

如有印装质量问题，请致电：023-61520678

我与肥妈的不解之缘

夏 枫

深圳广电集团娱乐中心主任
龙媒影视文化传播有限公司总经理
国家一级导演

2011 年夏天，我们邀请肥妈来担任"中国音乐金钟奖流行音乐大赛"的评委，不仅是因为肥妈在音乐方面颇有成就，更看重的是肥妈的犀利、敢言和豪迈。

"金钟奖"赛事时间跨度近 5 个月，同期请到的评委还有付林、金兆均、陈小奇、宋晓明、张树荣、小柯、小虫、毕晓世、袁惟仁、李海鹰、捞仔、三宝、甲丁、王晓锋、周治平、科尔沁夫、陈彤、谷峰、韩宝等。因为赛事场地偏僻，每次录制，评委们和导演组吃的都是食堂准备的盒饭，而这样的伙食已然是所有人眼中的"黑暗料理"，所以大家每次都特别期待肥妈的到来。

我们期待肥妈的到来并不是她从中国香港、澳门带了好吃好喝，而是因为肥妈心疼大家，每次录制休息吃饭的空隙，她可以就地支上一个卡斯炉，一口小锅，再把食堂做盒饭的那些食材、调料拿来，瞬间给大伙儿做出几道美味可口的妈妈家常菜，最经典的当属红烧肉了。

2011 年 9 月底，"金钟奖"结束了，一想到可能再难得有机会吃上肥妈做的红烧肉了，我有点舍不得。很早以前就有做一档美食烹饪节目的念头，但基于一直没有合适的主持人人选，也就搁置了。想想眼前就有这么一个人，能吃能说能做，何不趁机开一档节目呢？我把想法和肥妈一说，肥妈很仗义，《食客准备》也就这么一拍即合诞生了。

　　这本《肥妈食客私房菜》和别的美食类教学菜谱不一样，这里面除了 79 道菜，还有 79 个故事，菜和故事都是从 1000 多期节目里精选的，肥妈毫无保留地传授了她做菜的精髓，另外还分享了她 60 多年来的睿智生活处事之道。快手菜、家长里短，主妇们青睐她一定是有理由的。

　　肥妈走过很多地方，领略过全球各地不少美食，如果是她中意的味道，她都会带到《食客准备》的厨房做给大家吃，导演组和很多去过录制现场的观众比我有口福。我呢，偶尔想给女儿做一道拿手菜时，还得临时问导演组要肥妈的菜谱，今天，终于有现成的书本可以照搬了。谢谢肥妈！

目录

Part 2　民以"鲜"为先

Part 3　唤醒味蕾记忆

注：

书里烹调用油是一般家庭常用的食用油、色拉油，
如无特殊说明，在配料中将不再一一列出。

Part 1

滋味恒久远

1

香葱爆肥牛

主料

肥牛卷 500 克、大葱 1 根

配料

蚝油 1 汤匙、酱油 1 汤匙、麻油 1 汤匙、生粉 2 汤匙、姜片 4 片

步骤

1. 将买来的肥牛卷叠在一起切成三段，将大葱切成葱段；

2. 将酱油、蚝油、麻油淋在肥牛上腌制一会儿，如果想让牛肉更加嫩滑，可加入一点生粉；

3. 锅中放油，爆香姜片、葱段，再倒入肥牛一起翻炒；

4. 炒牛肉时要用大火翻炒，牛肉炒入味后立即关火，用锅里的余温去热熟牛肉，待牛肉熟后，便可盛盘。

肥妈**私房话**

要不到老公的QQ密码，该怎么办？

楚乔：有位观众给我们发来消息："我们夫妇结婚20多年了，家
　　　庭还算幸福。最近我老公学会了上网聊天，但是他从来不
　　　告诉我QQ密码，为此我们经常吵架。他总是敷衍我说，我
　　　只是在网上与别人聊天，你不要这样疑神疑鬼。我不知道
　　　是不是应该让他有这样的秘密？阿妈，我该怎么办？"

肥妈：她也太过分了，每个人都应有私人空间。QQ能够做什么？
　　　男人啊，都喜欢吹嘘啦，在网上说我有多强壮啊等等。有
　　　时候，你私底下查老公的刷卡记录，钱包里面有多少钱
　　　啊，换位思考一下，这些小动作是不是很讨厌呢。

楚乔：你是觉得应该给他一点空间？

肥妈：对，夫妻俩都应该要有自己的空间。

楚乔：可是他如果问心无愧，为什么不告诉她QQ密码呢？是不是
　　　这个女人占有欲太强？

肥妈：随着年纪的增长，女人会对自己越来越没自信，觉得自己不够好。但是你要知道如果你不好，他也不会讨你做老婆。私人空间还是应该有，如果没有，夫妻俩会很难相处。

楚乔：那如果她想知道自己老公的银行卡密码呢？

肥妈：问他啊！财务方面，夫妻俩应该好好沟通协调的。

楚乔：阿妈有自己的小金库吧？

肥妈：有，一定要有。说了这么多，你还是赶紧回家烧菜吧，每天烧个菜给你的老公吃，你老公哪有时间聊QQ啊！你总是关注他在跟谁聊天，你们都没有机会培养感情，是不是？

楚乔：对，听肥妈的话，赶紧回家给老公做饭啦！

肥妈心得

　　夫妻间的感情必须建立在相互信任、尊重、了解的基础上，而猜疑恰恰违背了这些原则，它是夫妻真挚情感的杀手。婚姻中倘若有了猜疑，悲剧便会产生。生活中这样的事例很多，大家应该引以为戒，夫妻间需要彼此坦诚相待，这样感情才会长久。

肥妈食客私房菜

2

五彩缤纷肥牛煲

主料

肥牛卷 500 克

配料

培根 1 条、洋葱半个、三色椒各半个、蚝油 2 茶匙、辣椒 2 个、姜丝少许、红葱头 4 粒、蒜 3 瓣、芹菜 4 棵、麻油少许

步骤

1. 将少量食用油、少许蚝油与肥牛卷搅拌均匀，备用；

2. 培根切片，三色辣椒切成丝，洋葱切块，芹菜切断；

3. 爆香姜丝、红葱头、蒜头后，加入切好的培根，煎出香味；

4. 放入洋葱翻炒均匀，稍稍煎香一下，加入三色辣椒翻炒均匀，再加一点水焖一下；

5. 倒入肥牛、芹菜，加入少许蚝油和麻油调味，稍稍搅拌一下，盖上砂锅盖关火，将肥牛焖熟即可。

这个肥牛卷除了涮火锅，炒着吃也很美味。不过这里有个小诀窍要提醒大家，肥牛卷入锅前，要加少许食用油和蚝油搅拌一下，这样炒出来的肥牛才会一片一片的，不会粘在一起。

肥妈**私房话**

媳妇不爱打扫，婆婆又不愿意请钟点工

楚乔：阿妈，你觉得做菜很简单，那你觉得做家务简单吗？

肥妈：现在的年轻人根本不爱做家务。

楚乔：阿妈，是这样的，有个婆婆来投诉，他儿子娶了一个幼儿园老师，她为人心地善良，就是不做家务。她就旁敲侧击跟媳妇说，你没事就扫扫地，把家整理一下吧。现在我在还好，将来不在了，怎么办？媳妇觉得婆婆是在责怪她，第二天就请了一个钟点工。她自己没时间，也不会打扫，怕把家里反倒弄乱了。现在婆婆看到她请钟点工，心想这难道不用花钱吗？所以，婆婆想知道对于这样的媳妇，她到底应该怎么办？

肥妈：媳妇要跟婆婆说对不起。第一，我从小在家被宠坏了，我不知道怎么做家务。第二，我平时工作比较忙，晚上下班有很多工作要完成。不是我不想学，假如我拿这个时间去做家务，那我的工作就得往后延了。这家务就麻烦你做，或你需不需要我请个钟点工来帮你，钱我来付？

楚乔：那这个婆婆该怎么办呢？

肥妈：孩子五六岁时就应该帮他上"社会大学"，比如说家里来了电费单，你要告诉他这是电费单，所有的电器用电是需要交钱的，所以晚上要关灯。家务嘛，也应该从小教。我们家老六，整天玩游戏，还不关电脑，有一天，我就拿着电费单给他，我说你帮我看看，这几个月电费多了那么多，是不是有人偷电啊，第二天他就不这样了。

楚乔：我知道要委婉点说，谢谢阿妈！

肥妈心得

　　婆媳之间的相处是一门学问。当婆婆遇到这样的"懒"媳妇时怎么办呢？依阿妈的生活经验，我们要旁敲侧击地跟媳妇说。另外，家长要从小培养孩子做家务的能力，养成一个好的习惯，从小培养起他们的责任感，这对他们以后的婚姻生活会有很多帮助，减免不少麻烦。

肥妈食客私房菜

3

洋葱牛仔骨

主料

牛仔骨 500 克

配料

洋葱 1 个、麻油 1 汤匙、蚝油 2 汤匙、黄油 1 汤匙、酱油 2 汤匙、黑胡椒粉少许、盐少许、橄榄油少许

步骤

1. 将洋葱切片，牛仔骨切块，加入酱油、黑胡椒粉、麻油、蚝油腌制；
2. 在锅里加少许橄榄油后，将腌制好的牛仔骨入锅煎至两面焦黄后出锅；
3. 再在锅里加入少许黄油、橄榄油，放入洋葱，加入少许黑胡椒粉、盐调味，翻炒；
4. 最后将煎好的牛仔骨倒入锅中，迅速翻炒几下即可盛盘出锅了。

肥妈**私房话**

小孩非常自私，怎么办？

楚乔：有一个妈妈说，她的小孩子今年5岁了，非常自私。比如说，家里有6根香蕉，小孩一下子吃掉4根。她就在旁边看着小孩如何处理剩下的2根。出人意料地，小孩竟然说，妈，你给我拿着，我待会儿回来再吃。她就想不通，她怎么用她无私的母爱培养出这么自私的下一代。

肥妈：当她吃第二根香蕉时，她妈妈就要告诉她家里多少人，好的东西要跟家里人一起分享。

楚乔：那小孩会问，妈妈，这香蕉不是买给我吃的吗？

肥妈：假如我是给自己买的香蕉，我在你面前一个人吃，不让你吃，你有什么感觉呢？

楚乔：小孩可能还会说，我是全家最小的人，爷爷奶奶都应该让给我吃。

肥妈：爷爷奶奶年纪大了，应该是小孩让给他们吃。人心是一面镜子，你希望别人怎么对你，那么你首先就要学会怎么对

别人。你看，这位妈妈很无私，把好的东西都留给孩子，可孩子却没有学会，所以她就要教育小孩。

楚乔：这话讲得蛮妙的。

肥妈：你要用一种很简单的方法解释给她听，让她知道要怎么跟家人分享。

肥妈心得

在小孩子的世界里可能还没有分享的概念，所以培养孩子与人分享的习惯是一个渐进的过程，要多让他处于一个分享的环境下，进行正确的引导。在此过程中，要尊重和倾听孩子分享的意愿，主动创造锻炼孩子分享能力的环境，让孩子可以体会到分享的快乐。

4

俄罗斯牛柳

主料

牛柳 500 克

配料

洋葱半个、紫葱头半个、大葱半根、
草菇 4 个、橄榄油少许、黄油少许、
奶油少许、胡椒粉少许、盐少许

步骤

1. 牛柳切丝，加入橄榄油、盐、胡椒粉腌制；

2. 洋葱切块、紫葱切块，入锅翻炒，再迅速倒入牛柳翻炒几下出锅；

3. 草菇切片、大葱切段，加少量黄油翻炒，倒入刚炒好的牛柳和奶油，快速
   翻炒几下便可盛盘出锅。

肥妈**私房话**

女友赴约总带着她闺蜜，怎么办？

楚乔：今天有一位男生，他在微博上说，他跟他女朋友相处好难。

肥妈：为什么呢？

楚乔：是这样，他女朋友有一个好闺蜜。他和她认识也是这个闺蜜介绍的。平常逛街、吃饭、看电影，她女朋友都把她闺蜜叫上，所以就经常是三个人在一起约会。这个男生总觉得两个人约会有一个电灯泡夹在中间。

肥妈：我觉得他真的很奇怪，那是他女朋友。为什么他不告诉她，他想跟她单独相处，不要叫那个电灯泡出来，直接讲。

楚乔：他说过了。可他女朋友说，是她闺蜜介绍我们两个人认识，也算是媒人。

肥妈：那他要不要也跟她闺蜜结婚呢？

楚乔：当然不要啦。

肥妈：比如，他可以说，虽然她是我们的媒人，但是有她在，我想与你亲密接触都不行。

楚乔：阿妈，你说出了他内心的想法，他就是这样想的。

肥妈：想是没有用的，要讲出来嘛。还有他女朋友也不警醒，三个人相处多了，难保哪天不发生意外，男友移情别恋。

楚乔：阿妈的风格就是心里有什么就讲出来，马上解决这个事。

肥妈：我真的不明白，时下的年轻人心里有什么想法，喜欢绕圈，不直接讲出来。他也可以跟他女朋友的闺蜜讲，非常感谢你

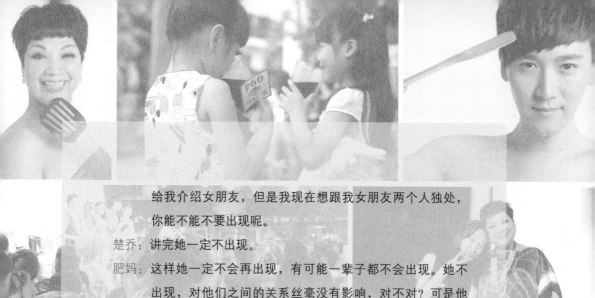

给我介绍女朋友，但是我现在想跟我女朋友两个人独处，你能不能不要出现呢。

楚乔：讲完她一定不出现。

肥妈：这样她一定不会再出现，有可能一辈子都不会出现。她不出现，对他们之间的关系丝毫没有影响，对不对？可是他的问题解决了。

楚乔：阿妈之前讲过，你从来不会在老公面前讲任何人的。

肥妈：从来不会。你突然莫名其妙地说，老公，那个女人非常好。可那个女人怎么好，关我老公什么事？况且时间长了还会引狼入室。

楚乔：阿妈说得很对，谢谢阿妈！

肥妈心得

　　恋爱中的两个人需要独处的亲密时间和空间，如若你觉得你们独处的时间不够，想要争取，不妨直接和对方说吧，因为爱情最重要的是相互坦诚。

5

加勒比辣牛肉

主料

免治牛肉 500 克（免治是由英语 mince 音译过来的，意思是切碎）

配料

迷迭香少许、红椒粉少许、红萝卜1根、番茄1个、青红椒各1个、洋葱1个、鸡蛋2个、大葱半根、柠檬皮少许、蒜3瓣、生抽少许、鱼露少许、糖少许

步骤

1. 将番茄切丁，红萝卜切丁，青红椒切块，洋葱切碎，大葱切段；
2. 锅里放入油，将蒜末、洋葱碎爆香，加入红萝卜丁和免治牛肉翻炒；
3. 加入切块青红椒、迷迭香、少量红椒粉、柠檬皮、生抽、鱼露、糖调味；
4. 再加入番茄丁、葱段，一并翻炒；
5. 在即将出锅的菜品上打2个整鸡蛋，熄火，盖锅盖。稍微焖至鸡蛋半熟即可。

肥妈**私房话**

父母不看好的婚姻会幸福吗?

楚乔：阿妈，你觉得两个人结婚，门当户对重不重要?

肥妈：现在哪里还有门当户对? 没有了。

楚乔：有一个朋友给我们这边写信说，她非常苦恼，她跟她男朋友在一起有四五年了。她现在在一家外企上班，男朋友没有找到理想的工作，所以就在自己家里开了一家小小的电脑配器店。因为男方家是农村的，她家的条件很好，爸妈都是各自工作岗位上的领导，所以她爸妈就觉得，她跟他在一起门不当户不对，婚后不会幸福。但她觉得两人挺幸福的。随后，她在网上看了一下调查，比如说"父母不看好的婚姻75%到最后都不会幸福"。阿妈，你也是当妈的，你说这个父母的态度真的那么重要吗?

肥妈：家里父母同意很重要。结了婚之后回家，一定要见父母，你也想有人祝福你，对不对?

楚乔：她男朋友呢，虽然赚得不多吧，但也不需要问家里要钱。但是，女方的爸妈就想着找一个条件相当的，以后生活会轻松许多。

肥妈：对，爸妈永远都希望自己闺女嫁一个有才华又有钱的人，不需要她为生活奔波。可是事事哪能这么理想呢。我自己有这么多儿女，我只有一个希望就是他们幸福，有没有钱无所谓。

楚乔：但有时候当爸妈的觉得婚礼太寒酸，脸上无光。

肥妈：只要我女儿幸福，何必在乎别人的眼光。

楚乔：爸妈如果真的不支持，也不祝福你们，他们会说，以后你
　　　们俩也不要回娘家。你要是回的话，就自个儿回，不要带
　　　着他。你说女儿听了这话，心里也难受对不对？

肥妈：对。可是这种情况也不是不能改变，他们俩就用真心来打
　　　动父母，水滴石穿，终有一日父母会接受他们的。

楚乔：阿妈，那你觉得门当户对就不是很重要？

肥妈：我只要我女儿、儿子幸福。日子过得好就可以了，最主要
　　　是他们幸福。

肥妈心得

　　现代婚姻的门当户对讲究的是两个人的人生观、价值观、
生活态度能够"门当户对"。大多数的父母希望孩子找一个门
当户对或者经济条件好的伴侣，是觉得这样的人能给自己孩子
带来幸福。但是，如果找到一个和自己心灵契合的伴侣，能
够过得幸福、快乐，父母也是欢喜的。可能一开始他们会有所
反对，但是相信通过夫妻两个人的努力，一定会获得父母的支
持，也一定能过上幸福的生活。

肥妈食客私房菜

6

芥末肥牛卷

主料

冻肥牛卷 1 包

配料

黄芥末 2 茶匙、小葱 1 棵、青红辣椒
各 1 个、香芹 1 棵

步骤

1. 小葱切段，青红辣椒切丝，香芹切段；
2. 将黄芥末均匀地涂抹在肥牛卷表面，然后在肥牛卷上放上青红辣椒丝、
   葱段、香芹段，卷起来备用；
3. 将卷好的肥牛卷下锅煎至焦黄盛出即可。

为了让肥牛卷的口感更加丰富，可以适量卷入你喜欢的蔬菜，如香芹、辣椒段等。

肥妈**私房话**

带老父遗照环游世界，却遭网友炮轰

楚乔：最近在网上有一件事炒得特别热。25岁的华裔女子，辞去了国外高薪工作，变卖掉了自己80%的财产。

肥妈：她要做什么呢？

楚乔：她要带着爸爸的遗像去环游世界。她爸爸因病去世了，临终前希望能够去世界各地看一看。所以现在女儿就带着爸爸的遗照，到每一个景点拍照，然后把照片发到网上，发文说，老爸我用这种方式带你环游了世界。

肥妈：这样很好啊！

楚乔：但是很多网友很尖酸、刻薄，反问她，你爸爸在世时，你早干吗去了，你现在用这种方式根本就是炒作。

肥妈：她带老爸的照片去哪里关你什么事？

楚乔：比如说，你拿着老爸的遗像拍照，偶尔也会笑一笑。网友又说，你爸爸都不在了，你抱着照片还笑什么。

肥妈：那要哭吗？她老爸都上天堂了。去世不是一件悲惨的事情，假如你老爸总是躺在病床上，饱受病痛的折磨，我宁愿他上了天堂。你不懂欣赏就不要看，看了也不需要骂。

楚乔：所以，如果阿妈你看到这样的事情，你会给她点一个赞，对不对？

肥妈：我会点一个赞支持她！我不管她做的是好事还是坏事，起码在她心目中还有她爸爸就够了。

肥妈：那你觉得她放弃了高薪工作，还卖掉自己的家产来实现老爸的愿望。你觉得值不值得？

肥妈：值不值得是她自己的事。哪怕她就是没地方睡，睡大街上也不会睡你家。

楚乔：很多人也在反思，包括很多来深圳工作的人，一年到头也不一定能回老家一次。所以平常我们是不是要抽空多陪陪爸妈，多带他们出去玩一玩。

肥妈：嗯，就像我常在节目中讲的，父母还在世时，一定要多陪陪他们，千万不要等到"子欲养亲不待"。

肥妈
心得

如今，在网络上我们可以看到很多新鲜的事情，任何人都可以发表自己的言论，有自己的话语权。所以，当某个人在网络上发表一些别人没见过的新鲜事件，往往会收到很多网友的恶意评论。肥妈想说，在你们批判别人之前请先扪心自问，自己有比别人做得好吗，别人的行为有干涉到你的利益吗？如果没有，请尊重他人，为他人保留一点点空间。

肥妈食客私房菜

7

西湖牛肉羹

主料

青豆 1 碗、豆腐 1 块、牛肉 125 克

配料

鸡蛋 2 个、香菜 3 棵、糖少许、酱油 2 汤匙、生粉少许、橄榄油少许、胡椒粉少许

步骤

1. 将水煮沸，加入一些高汤；

2. 将豆腐切块，放入高汤中和少许青豆一并煮；

3. 将牛肉切末，加入少许橄榄油、糖、酱油、生粉、胡椒粉腌制一下，等汤煮沸后下锅立即打散，放入生粉水；

4. 香菜切末，鸡蛋取蛋清，等汤煮沸熄火后，将鸡蛋清调入，撒上香菜末即可。

妈妈过度依赖上大学的女儿

楚乔：今天有一位小姑娘写信来说，她今年25岁了，爸妈的感情不是很好，没有离婚但是长期分居。她从小就跟她妈妈一起生活，晚上睡在一起。她现在考上大学了，住校。但是她妈妈也在学校旁边租了一间房子，还希望跟以前一样睡在一起。她就不是十分乐意，毕竟生活作息习惯难免会有所不同。

肥妈：跟妈妈讲啊。

楚乔：她跟妈妈讲了。但她妈妈说，你现在也不要我了吗？你爸不要我，你也不喜欢我。你这样是不孝啊！她说，我不是这个意思，但就是跟她妈妈讲不通。

肥妈：什么叫讲不通？妈妈，我大了，我需要一点私人空间。就跟妈妈这样讲啊。

楚乔：但是她的妈妈会说，从小到大都是我照顾你，你是我看着长大的。

肥妈：妈，我的压力很大，再这样下去我会崩溃的。你给我一点点隐私，可以吗？

楚乔：我发现阿妈很懂这种小女儿的心态。

肥妈：那是当然，我妈也曾经这样对我。但我会拉着我妈的手坐下来谈心，你每天三更半夜开门进来，看我有没有睡好，被子有没有盖好，大晚上，你穿着白衣服，我一睁开眼睛就吓得要死。妈，我真的很痛苦，长此下去肯定会影响我们的感情。

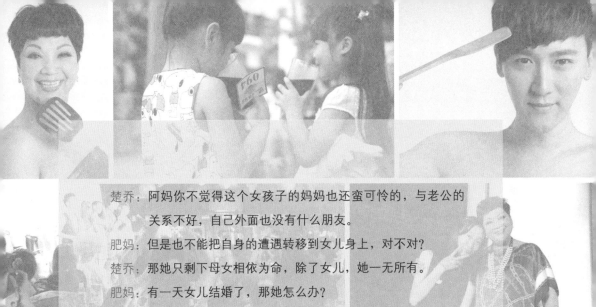

楚乔：阿妈你不觉得这个女孩子的妈妈也还蛮可怜的，与老公的关系不好，自己外面也没有什么朋友。

肥妈：但是也不能把自身的遭遇转移到女儿身上，对不对？

楚乔：那她只剩下母女相依为命，除了女儿，她一无所有。

肥妈：有一天女儿结婚了，那她怎么办？

楚乔：是哦。

肥妈：她要让她妈妈知道，她已经长大了，不可能每天跟她睡在一起，需要一些隐私空间。但是，她要一直照顾妈妈，不会离开她。同时，她妈妈要敞开心扉，多接触外面的世界，发现这个世界的精彩。

肥妈心得

　　有些小孩非常依赖父母，但也有一些父母非常依恋小孩，觉得孩子就是全部，要每天把孩子拴在自己的身边，寸步不离。面对这样的父母，孩子能做的就是尽可能地开导，并带着父母多出去接触他们的同龄人，多交朋友，让他们的生活重心从孩子的身上转移，把他们对孩子的依恋转移出去。这样既可以保证孩子的生活自由和隐私，也可以丰富父母的生活。

8

印度烧鸡

主料

鸡 1 只

配料

乳酪 2 汤匙、小茴香 10 克、香菜籽 10 克、黄姜粉 1 汤匙、辣椒粉 1 茶匙、胡椒粉少许、番茄膏 2 汤匙、盐少许、蒜蓉少许

步骤

1. 把小茴香和香菜籽在锅中炒香、磨碎，再加入黄姜粉、辣椒粉、番茄膏、胡椒粉、蒜蓉、盐和乳酪搅拌均匀，将拌好的调味汁抹在鸡肉上，腌制3小时以上，最好能过夜。
2. 腌制后，下锅炸至金黄色即可。

也可以直接把抹上调味汁的鸡肉腌15分钟，加入配菜，放进烤箱烤熟。烤出来的鸡肉会更脆，更入味。

肥妈**私房话**

夫妻学历差异大，没共同话题

楚乔：今天呢，有观众要跟阿妈聊聊婚后，两个人在文化上有差异的问题。有位观众在微博上跟我们说，他是一个重点大学本科毕业的IT男。有一次，去外地出差，他对入住酒店的前台小姐一见钟情，然后他发起了猛烈攻势，两人最后顺利结了婚。婚后几个月，问题就出现了，他老婆只有初中学历，两个人在文化程度上相差太多，彼此间的交流成问题。比如说他想看时政新闻，她却抢过遥控器看韩剧。他不想失去这段婚姻，他问我们应该怎么办？

肥妈：那他就一定要让他的老婆去上学、去读书。

楚乔：但是她现在都成年了。

肥妈：90岁的人都可以念书，她这么年轻为什么不可以？他可以坐下来跟他老婆谈心，要想经营一段婚姻，需要双方包容、忍耐、坚定、共同成长。他可以告诉他老婆，他希望她能够知道世界现在正发生什么事。

楚乔：但是她会说世界发生什么事跟我有什么关系？

肥妈：他可以继续说服她，以后我们会有孩子，我不想孩子大了

之后，觉得妈妈不问世事、浅陋无知。人呢，不是要一个人懂很多，而是我学你的，你也学我的，共同成长。

楚乔：你也教她，她也教你，两个人多交流。

肥妈：对，这样就有交集点了。有共同语言，夫妻间才会和谐。我老公经常问我，那个人是谁？我说那个人叫梁朝伟。他至今还分不清梁朝伟和吕梁伟，我每次都要提醒他。他说对不起，他就尽量去记。但他分得清楚刘嘉玲跟舒淇。

楚乔：为什么呢？

肥妈：因为刘嘉玲的名字有三个字，舒淇只有两个字。

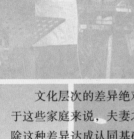

肥妈心得

　　文化层次的差异绝对不是制约家庭幸福的决定性因素。对于这些家庭来说，夫妻之间能否正确地处理这种差异，找到消除这种差异达成认同基础的方式才是决定性的因素。丈夫应该创造条件，为妻子提供学习环境，要常带妻子走出家门，见见世面，开阔眼界。也要多让妻子参加一些社会活动，让她学到一些知识。长久下去，在待人接物方面，在社会知识方面，妻子就会有长足的进步，这样也可以使彼此增加一些共同语言。

肥妈食客私房菜

9

鱼露冰糖炆猪蹄

主料

猪蹄髈 1 只

配料

姜 4 片、桂皮 2 条、陈皮 2 块、红椒片少许、蒜 3 瓣、葱头 3 粒、洋葱片少许、料酒少许、鱼露 2 茶匙、冰糖 3 粒

步骤

1. 在沸水里放少许料酒和姜片，将猪蹄髈焯水6分钟出锅备用；
2. 锅中放油，爆香洋葱、葱头、蒜头，再放姜片、桂皮翻炒，将猪蹄髈放入锅中，淋上鱼露，加适量水，大火烧开10分钟；
3. 最后将陈皮、红椒、冰糖放入电压力锅内，再将所有食材转入电压力锅中，压1个小时收汁即可。

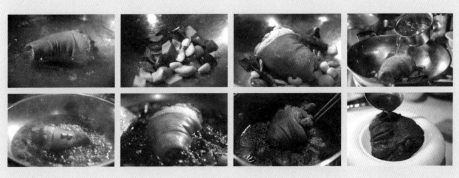

肥妈**私房话**

男朋友的妈妈如今待他
依然像小孩，我该怎么办？

楚乔：今天有一位女生写信来询问："我跟我的男朋友，已经交往两年了，他什么都很好。但是我总觉得我这个男朋友就像一个还没有断奶的小男孩一样，其实他年纪已经不小了。我们现在住在他妈妈给他买的婚房里。他妈妈也跟我们一起住，在生活起居上特别照顾他，比如，早上起来给他选好衣服，做好早餐。临出门之前问要不要带温水杯，要不要带雨伞，晚上几点钟回来……我感觉自己身边有个没有断奶的小男孩。他现在自己都还没长大呢，如果我们将来有了小孩，他怎么能好好照顾自己的小孩呢？"

肥妈：他妈妈觉得这样没问题，你就让他妈妈去做。假如他妈妈自己不做，她每天会叫你做。这样，你们会发生矛盾，你就让他妈做吧。妈妈跟儿子的感情，你是不能调节的。

楚乔：但是她觉得这样会不会太夸张了一点。

肥妈：他就是这样长大的，你眼里的夸张对他来说习以为常。他妈都恨不得亲自给儿子穿袜子，你为什么要改呢，又不是你做。假如你婆婆要你这么做，你先要跟他坦白，假如我们将来结婚的话，你妈经常为你做的那些事，不要结了婚之后全交给我。

楚乔：说实话，我觉得这种事如果是太太来做的话，还正常。但是妈妈做的话，我觉得有点夸张。

肥妈：你看，妈妈不是女人吗。到现在我儿子38岁，回家的时候还问我他的内裤在哪里。不管孩子多大，在妈妈的眼里都永远是孩子。

楚乔：养儿一百岁常忧九十九，就是这样来的。

肥妈：你不要看不顺眼，其实那也不关你的事。可是你要先说清楚，不然的话，你们结完婚，他的母亲就说，我把我的那个工作交给你了。那你就惨了。所以你要先说明，她做无所谓，以后不要让你也这样做。

楚乔：我觉得她其实并不是担心让她去做这些事情，她会担心，如果我们将来有了小孩，他自己就这么不独立，那他怎么教会孩子独立呢。

肥妈：人是会成长的。当他当爸的时候，他就会慢慢学着成长了。人是一天一天的成长嘛，到某一个阶段就学会了。船到桥头自然直。

楚乔：真的吗？

肥妈：当然你要给他时间成长，你也有义务教他。当你怀孕的时候，让他摸摸宝宝，你要给他灌输你如今当爸爸了，你的责任是什么。我们女人最大的儿子，就是自己的丈夫。

楚乔：所以，阿妈的意思是说如果到了那个时机，到了那个点，他会成长，你不用担心这个问题。你要教他成长，做一个爸爸。

肥妈
心得

　　母子之间的相处方式是各种各样的，唯一不变的是母子间的天性，儿子无论长到多大，在母亲面前永远是孩子。因此，肥妈的建议是女朋友不要去干涉男朋友和妈妈之间的互动。至于恋人之间，肥妈的心得是女朋友要帮助男朋友共同成长，慢慢教会他责任感，这是你一生的功课。

10

南乳莲藕猪手

主料

南乳 2 块、猪手 2 只、莲藕 500 克

配料

白糖少许、生姜 4 片、大蒜 8 瓣、
冰糖 8 粒、蚝油 1 汤匙、老抽 2 汤匙、
盐少许、胡椒粉少许、酒少许

步骤

1. 先将南乳加入适量白糖、水拌匀；

2. 锅里放油，将生姜、大蒜放入锅中爆香，加入拌好的南乳调味；

3. 将猪手、莲藕切段，汆水后放入锅中翻炒，同时可加入一点点水；

4. 把炒好的猪手放入高压锅中，加入冰糖、沸水、少许盐、少许胡椒粉、少许酒，焖煮25～30分钟；如果用普通的锅，需要焖煮1个小时左右；

5. 焖煮好的猪手加入蚝油、老抽即可出锅。

男友介意女友的女儿

楚乔：今天有一个现场观众想问肥妈一个问题。

观众：前一段时间，我找了一个男朋友，男朋友好像不怎么接受我女儿，他感觉
　　　我的女儿是我和他之间的障碍。所以，即使我和他认识了几年，今年还
　　　是分手了。

肥妈：假如你要跟某个人结婚，他的家人你都要全部接受。婚姻是一包礼物，好
　　　的要接受，不好的也要接受。你不能说我只要盒子，里面的东西不要。

观众：其实那么多年，我觉得我挺爱他的。但我不可能为了他连我女儿都不要。

肥妈：你做对了，女儿是终生的，她永远都是你女儿。我还没跟我老公拍拖的
　　　时候，交过一个男朋友，他就接受不了我的家庭。因为我们家有30多个
　　　人，他说，在你家，我很有压力，我来吃饭，好多人的称呼都记不住。
　　　假如我们结了婚，我不要见你一家人可以吗？说完这话，第二天我就不
　　　见他了。假如你跟他在一起，你不但没有女儿，估计连朋友都不会有。
　　　特别自私的那种男人，你还是早点分手吧。我快50岁时带着孙子都可以
　　　嫁出去，那个时候我有220斤，并且我还可以嫁得那么好。

观众：那么以后有机会肥妈给我介绍一个吧。

肥妈**心得**

　　　再婚的时候女人出于本能更多的是考虑孩子，因为希望尽最大可能
弥补离婚带给孩子的伤害，如果对方不能接受孩子，那就暂且放一放，
顺其自然，毕竟孩子的快乐才是妈妈最大的幸福，二婚寻找的都是希望
合适、安全、稳定的人，毕竟谁也没有再来一次的勇气了。

11

南乳鸡件

主料

南乳 1 块、鸡胸肉 2 块

配料

鸡蛋 2 个、糖 1 汤匙、料酒少许、生粉 2 汤匙、葱末少许、姜末少许、蒜末少许

步骤

1. 将南乳块拌碎，加入糖、鸡蛋清、生粉、料酒，使南乳酱入味；

2. 将鸡切件，倒入南乳酱中腌制30分钟后，下锅炸熟为止；

3. 起锅后，留少许油，爆香葱末、姜末、蒜末，回锅翻炒后鸡肉更加浓香。

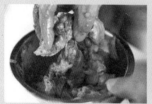  

肥妈**私房话**

博士老公不顾家

楚乔：有一位女士写信来说，她老公是个博士，他觉得自己学历高，自视过高，
有点自大。在家里不做家务，也不带孩子，甚至连喂奶、换尿布这些力
所能及的小事都不做。别的邻居都以为她是单亲妈妈，因为从来没见过她
老公照顾小孩。她跟她老公也提过这个问题，他就说我要搞科研，我要读
书，你不要烦我，这些小事你女人家自己做就好。

肥妈：他这样讲，是借口，自己懒惰不爱做而已。

楚乔：那阿妈你觉得像这样的婚姻还能走得远吗？

肥妈：当然能长久，你要凶一点，在家叫他什么博士呢。孩子他也有份，他为什
么不帮忙带，你也要工作嘛。

楚乔：有时候结婚之前没看清楚对方，结婚之后这个苦果你就只能自己吞了。

肥妈：苦果也是你自己种下的。"种瓜得瓜，种豆得豆"，不要结完了婚，又要
求那么多。有时候一些小事，比如喂奶、换尿布这些小事，能不让他做
就不让他做。他是博士，一个小时可以赚多少钱呢？何必读了这么多年
博士，还要回家喂奶呢。如果你实在忙不过来，可以花钱请一个人嘛。

楚乔：阿妈说得很对，不能大材小用，谢谢阿妈。

肥妈**心得**

不是谁是谁的依靠的问题，生活的责任需要双方共同承担。婚姻不
是一边倒，男女各有分工，共同努力才会更美好。

12

泰式免治鸡肉

主料

免治鸡肉 250 克（免治是由英语 mince 音译过来的，意思是切碎）

配料

香菜 1 棵、罗勒（九层塔）1 棵、红葱头 3 个、姜 4 片、蒜 3 瓣、青红椒各 1 个、鱼露 2 汤匙、砂糖少许

步骤

1. 姜切末，红葱头切末，蒜切末，锅里放油，把蒜末、红葱头末、姜末下锅爆香；

2. 将鸡肉切成丁状后下锅翻炒，加入少许鱼露调味；

3. 将已经备好的青红椒、香菜、罗勒切末后，下锅翻炒，随后加入一点糖调味，即可出锅。

想吃正宗的泰国菜，鸡肉是不需要腌制的。

肥妈**私房话**

婆媳关系不和

楚乔：阿妈，有个女生专门写信来，让你评评理。她跟婆婆一直
　　　相处得不融洽。当时结婚时，她婆婆就觉得这个媳妇各方
　　　面条件一般般。现在结了婚，婆婆也还是一直爱理不理。
　　　但是，最近出了一件事，她婆婆说自己的钱放在家里平白
　　　无故丢了，就怀疑是她偷的。她觉得很委屈，结果两个人
　　　大吵了一架，她呢，就跑回娘家了。她婆婆没有收敛，反
　　　而还去跟她爸爸妈妈说，让他们好好管教自己的女儿。面
　　　对这样的婆婆，她真的没办法，她让阿妈给评评理。

肥妈：我告诉你，人老了记性就不好。

楚乔：她就觉得她婆婆是想用这种方法将她赶出家门。

肥妈：那她跟她老公讲，假如这样的话呢，一定要跟她老公一起
　　　搬出去，就不要住在一起。相处好，同住难，对不对？

楚乔：那阿妈经常就讲，你们家都是一大家子住在一起，一起吃
　　　饭，一起聊天。那为什么你做得到，我们就做不到？

肥妈：因为我会退一步，你以为我婆婆没有不见东西吗？她常常
　　　觉得自己不见东西。有一次她把自己的钥匙放到冰箱里。
　　　为什么呢？她怕人家偷她的东西。她总喜欢上锁，钥匙她
　　　要放到家人不会发现的地方，结果她自己也忘记。每年我
　　　都要多次帮她找钥匙、找钱包、找零钱。

楚乔：那你现在建议，结婚后要不要跟妈妈一起同住呢？你看同
住有好多问题。

肥妈：你们还没到那个境界，因为她说什么你心里就会不舒服。
但我们现在到了那个境界，什么不应该听的，我听不到；
不应该看的，我看不到。假如你到了那个境界的话，跟谁
住也无所谓。其实，跟婆婆、岳母要想相处得好，最好是
有空的时候带她出去玩。人年纪大了，就会觉得空虚，就
会喜欢怀疑人。

楚乔：所以呢，有时候不要计较太多。

肥妈心得

　　关爱老人就是关爱我们自己，我们应为下一辈做出尊老
敬老的榜样。我们应该多体谅老人的苦闷，主动亲近他们，
陪他们谈话，关心他们的生活，建立良好情感。我们不仅要
给予他们物质上的照料，还要给予精神上的慰藉，使老人们
感到温暖。

13

鸡丝粉皮

主料

鸡腿 2 个、粉皮适量

配料

黄瓜 1 根、红萝卜 1 根、麻油少许、
芝麻酱少许、盐适量

步骤

1. 将鸡腿肉手撕或用叉子刮成丝，入锅煮15分钟左右；

2. 将粉皮过水煮至透明并过冷水，捞出沥干水分；

3. 将黄瓜、红萝卜切丝，与鸡腿肉、粉皮一起摆盘；

4. 倒入适量麻油、芝麻酱、盐搅拌均匀，放入冰箱即可。

肥妈**私房话**

曾经的好兄弟，却因分红不均渐行渐远

楚乔：微博上有一位先生说，他跟另外一个同窗好友，毕业之后一起来深圳创业，刚开始两人关系非常好，后来生意越做越大，两人在分红、奖金等各个方面出现了分歧。发展到最后，彼此互相猜疑，面和心不和。他觉得这种关系非常不好，他们当年那么好的兄弟，现在为了一点点钱就闹成这样。他想问问阿妈，该怎么办？

肥妈：你要先跟他讲，我们有必要为了钱弄成这样吗？同时也回忆一下你们当初创业的艰辛。人心是一面镜子，你希望对方怎么对你，你首先就要这么对人家。

楚乔：所以我想问阿妈，你以前做生意的时候，有没有跟什么好朋友合伙过，有没有遇到过这样的问题。

肥妈：当然遇到过。刚开始的时候，我们很困难，到赚钱的时候呢，就是你的股份比我少5%。好，我不做了，你做吧。我真的是这样。

楚乔：所以，阿妈，那你建不建议做生意跟亲朋好友合伙呢？

肥妈：可以合伙，但是要在合同里写清楚，支票也要两人一起签。

楚乔：阿妈这样讲，做菜跟做人一样，要想最后有个好结果，我们之前得先把工作做好，对不对？

肥妈：对，一定要讲清楚，这样大家以后才不会有矛盾。

肥妈**心得**

很多人可以共患难却不能享安乐，因为患难是大家共同的目标、共同的追求。可是一旦富贵来临，人的心思就不一样，会想得到更多，所以需要在事前就做好计划。

14

墨西哥鸡肉卷

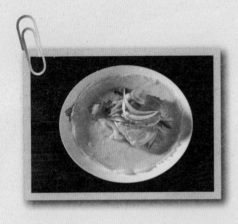

主料

墨西哥饼皮、鸡肉 250 克

配料

三色椒各半个、洋葱半个、干葱 2 粒、生抽少许、砂糖少许、生粉 1 茶匙、橄榄油 2 茶匙、迷迭香少许、薄荷叶 3 片、胡椒粉少许、黄芥末少许、蒜 2 瓣、姜 2 片

步骤

1. 把干葱、洋葱、三色椒切丝；

2. 鸡肉切丝，用生抽、糖、生粉、橄榄油腌制一下；

3. 锅里放入油，爆香葱丝、姜片、蒜瓣，放入迷迭香、薄荷叶、胡椒粉拌炒，再放入鸡肉和三色椒，待鸡肉八分熟时再放入洋葱；

4. 接下来将黄芥末均匀涂抹在饼皮上，放上做好的料卷起来即可。

儿子叛逆，是否要送他去乡下吃苦？

楚乔：我今天看到一篇报道，一位女士说她儿子16岁了，什么都
　　　和她对着干，特别叛逆。家里条件挺好，在深圳属于中等
　　　阶层。她想，儿子这么不听话，是不是因为条件太好。所
　　　以她想把儿子送到老家农村待一个月，让他吃吃苦，受受
　　　罪。但是她老公不同意，夫妻俩就为这事吵架了。阿妈，
　　　你觉得这个方法可行吗？

肥妈：这位妈妈的做法是对的。还好老家在农村，不然就送他去
　　　那些贫穷的国家。让他自己去看、去体验。

楚乔：可是这样一来费用好高。

肥妈：不会啊，可以去当地做义工。看看别的小孩没有什么，再
　　　看看自己有什么，对比之下，他自己也会反省。

楚乔：送到老家都不同意，送到国外，他爸妈非得打起来。

肥妈：肯定是要送的，但重点是你要陪着他去，不是送过去就不
　　　管了。第一，不要让他感觉你不要他，小孩的心灵是很脆
　　　弱的。你可以陪他一个星期，然后让他自己一个人待三个
　　　星期。看看旁边的人怎么生活，他就知道自己多幸福。

楚乔：这个妈妈就说，小孩不光是叛逆、学习差，还和社会上的问题少年在一起，他妈妈就非常担心。

肥妈：快点走吧，还等什么呢。他爸爸这样不是疼孩子，是害了他。父母不会一辈子待在他身边，你要教会他什么是好，什么是坏，什么是好人，什么是坏人。要学会感恩，自己拥有的不是必然的，幸福不是必然的。

楚乔：现在很多小孩子都是在大城市里长大，根本就不知道什么叫吃苦。

肥妈：在香港，一些父母会带他们的小孩去做义工，培养孩子在不同环境的生存力、对不同阶层的同情心、对自身幸福的感恩之心。

肥妈
心得

　　作为父母一定要清楚，现在儿子受"苦"，长大后才会成为一个"富有"的人，成为真正的男子汉！对于每个男孩子来说，都需要自立自强，需要承担更多的责任，需要面对更多的困难，需要不懈的自我奋斗。可以说，成功男人的成长和成熟是一个不断挑战自我、艰苦奋斗的过程。

15

土豆烧鸡

主料

鸡1只、土豆2个

配料

洋葱1个、蒜3瓣、香料少许、姜3片、番茄酱2汤匙、盐少许、高汤1碗、胡萝卜1根、番茄1个、植物油少许

步骤

1. 鸡剁块汆水，再在锅中倒入植物油烧热，洋葱切块，与蒜片、鸡块和香料一起放入锅中翻炒，等鸡块成金黄色后放入盐和生姜片；

2. 鸡块入味后将切好的胡萝卜、土豆和番茄放入锅中；

3. 最后倒入事先准备的高汤，盖上锅盖焖煮20分钟，起锅前加入番茄酱拌匀即可。

 肥妈**私房话**

30岁的乖乖女为什么不嫁人？

楚乔：有一个妈妈非常担心她的女儿嫁不出去，她的女儿是一个
　　　乖乖女，从来不穿高跟鞋、不化妆、不抽烟、不喝酒，一
　　　切都非常好，标准的三好学生。但是现在都快30了，也不
　　　学着打扮自己。

肥妈：那些不要学，也不需要学。

楚乔：她说她女儿这么乖，怎么还没嫁掉呢。

肥妈：因为她女儿去的地方，男人都不去，怎么认识人。

楚乔：那需不需要教一教她怎么打扮，怎么跟男孩子交流。

肥妈：她要先问她女儿的想法。

楚乔：她会有什么想法，都30岁了还不嫁人。

肥妈：有些女人是这样想的，我要找一个我喜欢你、你也喜欢我
　　　的人。还有些人本来就不想结婚。

楚乔：嗯，也对。

肥妈：这个妈妈首先不要教她女儿怎么样，要问她女儿，她到底
　　　有没有结婚的打算？她要了解她的内心世界是怎么想的。

像这种乖乖女，无论生活习惯或外表，妈妈都不用太担心，她有她自己的想法，你首先要跟她做朋友。

楚乔：对，跟她聊。

肥妈：把她的内心世界挖出来，还有她旁边有没有朋友，可能她女儿连朋友都没有，对不对？

楚乔：是。

肥妈：如果她有这个需求的话，可以去学，可以慢慢去教，不用太操心了。

楚乔：谢谢阿妈！

肥妈心得

　　都说女儿是妈妈的贴心小棉袄，妈妈要倾听女儿的内心想法。这时，或支撑或给出建议，但不要过于强求孩子，这会让她反感。无论是妈妈还是女儿，两个人都应互相谅解、互相关怀与沟通。

16

豆豉鸡

主料

鸡胸肉 2 块、豆豉少量

配料

葱 1 棵、姜 2 片、蒜 2 瓣、洋葱 1 个、辣椒 1 个、黄酒 1 茶匙、糖少许、酱油少许

步骤

1. 鸡肉切块，放入食用油、酱油腌制一下；
2. 将蒜头、生姜拍碎，洋葱切块、葱切段、辣椒切丝待用，豆豉加入糖和油再捣碎；
3. 起油爆香洋葱、姜、蒜，将鸡块放入锅中煎炸，切勿不停翻炒；
4. 倒入豆豉翻炒，加少许黄酒去腥，盖上锅盖焖熟鸡肉；
5. 最后再加入辣椒、葱段翻炒均匀即可。

外出打工7年没有大成就，
是该继续还是回家陪父母？

楚乔： 今天写信来的是一位小伙子，他在一家工厂的流水线工作，每个月工资低，生活过得很拮据。他当时从四川老家来深圳，家里一直很反对。他不顾一切地来深圳，就是为了赚大钱，给爸妈盖房子，让爸妈生活好。现在7年过去了，一直碌碌无为。现在父母就催他回老家结婚生孩子。他很犹豫，一方面觉得自己的梦想没有实现，一方面他爸妈又催得那么紧，不知道该怎么办？

肥妈： 我想知道他的梦想是什么？

楚乔： 他的梦想就是赚钱给父母盖房子，让父母过上好的生活。

肥妈： 他的梦想是父母能过上好日子。可他在深圳7年，就荒废了跟父母在一起的7年时间，不管他有没有钱，他永远是他父母的儿子。他认为打工赚钱给父母盖大房子，他们就开心了吗？我觉得他父母最开心的就是看到他。我在这里告诉所有人，父母还在世的话，你们应该常回去看看。

楚乔： 他可能觉得在深圳7年了，就这样灰溜溜回家，脸上无光。

肥妈： 假如有一天，他父母出了急事，怎么办？父老乡亲，每次都能及时帮忙吗？

楚乔： 路走偏了，现在回归正道，还来得及。

肥妈： 不光深圳有路可以走，其他地方也能走出一条路。

肥妈心得

幸福不是房子有多大，而是房子里的笑声有多甜。

17

特色麻油鸡

主料

鸡肉 500 克

配料

生姜 4 片、香叶 4 片、辣椒 2 个、麻油 3 汤匙、高汤 1 碗、酒 1 茶匙

步骤

1. 鸡肉斩块，辣椒切段，锅内倒入麻油，下姜片煎一小会儿，再把鸡块下锅一起煎；
2. 往锅中加入香叶，待鸡肉煎至金黄色时加入高汤、辣椒、酒，小火焖制10至20分钟即可出锅。

TIPS
烹饪
小贴士

保持鸡肉嫩滑的小窍门就是在煎制鸡肉时不能反复翻炒，等到鸡肉煎酥黄之后方可翻转，这样鸡肉口感才好。

肥妈**私房话**

男友父母安排他相亲

楚乔：今天在微博上有一位观众发来消息，说我跟男朋友恋爱有一段时间了，我们两人本来非常相爱，但是我们这段爱情得不到他父母的赞同。他父母不是很喜欢我，而且最近还给他安排了相亲。相亲的对象比我漂亮，重点是那个女孩子的家境比我好很多，她的爸妈跟我男朋友爸妈是生意伙伴，他们有很多生意往来，所以他爸妈非常喜欢那个女孩子，就不太待见我。本来我男朋友不乐意去相亲，但是相完亲之后呢，他好像有一点点动摇。虽然他跟我说，只是逢场作戏。但是，阿妈，我就想问你，我们这种得不到父母支持的婚姻能走得长久吗？

肥妈：关他父母什么事？是你男朋友变心了！

楚乔：好吧。

肥妈：不要总是怨父母不同意。假如她男朋友不去相亲的话，哪会有今天？他嘴巴上说我是逢场作戏，我是完成父母心愿。什么叫逢场作戏？她男朋友本身就是一个不老实的人！

楚乔：阿妈，那我现在问你，假如你是那个男孩子的妈妈，一方的家境比较一般，另外一方是跟你有生意往来的伙伴的女儿，又高又漂亮家境又好。你会选择谁？

肥妈：这要看我儿子喜欢谁。

楚乔：你是尊重他的意见。

肥妈：假如我儿子跟一个他不爱的人结婚，这不单是害了我儿子，也害了对方。他们吵架的时候，他会说是你叫我跟她结婚的，我又没说我喜欢她，我是听你的。那你怎么办？所以，最好的方法是让他自己做选择。面对今天这个女孩子，我就想跟她讲，她不用太过在意父母的想法，她重点要看她男朋友到底爱不爱她。

楚乔：对。

肥妈：假如他做不到一心一意，对不起，那就不要浪费彼此的时间。如果他非常爱她，就让他带她到他父母面前，先跟他父母表明立场，表示她很爱他，一定要跟他结婚，为了他，她愿意付出任何东西。俗语有云，路遥知马力，日久见人心。父母心也不是铁打的，他们会发现她的好。关键现在是她男朋友见人家一面就动摇了，这就不关他父母的事了。所以，她回去问问他，他心里到底是怎么想的？

楚乔：对，婚姻是一辈子！

肥妈：你们将爱情看得太简单了。有时候你们年轻人喜欢把问题推到父母身上。现在的问题是你现在都不清楚你男朋友是不是真的爱你？真爱一个人，是不可能有其他人存在的，不可能我爱你，可是为了应付我父母，我跟别的女孩子出去看电影。

楚乔：好，谢谢阿妈！

肥妈
心得

　　爱需要争取，爱需要全心全意的付出！父母的意见只是代表一时，只要是真心相爱，没有什么困难是克服不了的！真心相爱的双方，心里也只容得下对方，不会有任何的间隙让其他人插入。

18

花旗参乌鸡汤

主料

乌鸡 1 只、花旗参 50 克、
太子参 50 克

配料

大枣 6 个、姜片 4 片、黄酒 2 汤匙、
盐少许

步骤

1. 将水烧开，加入少许黄酒或姜片，乌鸡过水 3 分钟后捞出；

2. 将过水的乌鸡、少许花旗参和太子参、几颗大枣、两三片姜片放入
   电压力锅中，加入一锅开水，煲半个小时；

3. 出锅前加入适量盐调味即可。

生了儿子，婆婆态度转变但仍有矛盾

楚乔：阿妈，今天有一位媳妇来投诉了。

肥妈：投诉什么？

楚乔：这位女士之前结婚时，婆婆看她就有点看不上眼。婚后一直有一点矛盾。但是自从生了个男宝宝后，婆婆的态度立马不一样了。

肥妈：那就没事了。

楚乔：重点来了，现在宝宝不是还小吗，经常会头疼脑热、肚子痛之类的。她婆婆就觉得是她没有把宝宝看好。她十分委屈，说这是我的孩子，我怎么可能不用心对待他。

肥妈：每个婆婆都是这样，其实自己的妈妈也会这样。但不能因为是婆婆，所以你听了就觉得不顺耳，对不对？你不要理她。你知道吗？婆媳之间本来天生就是敌人，关系本来就很难处。我告诉你，你婆婆越是这样，你就要越对她好。

楚乔：还要对她好？

肥妈：对，给她买东西，比如说，婆婆，这是我特意买给你吃的……当她说你不对时，你就跟她说，那你教教我。一次、两次、三次，讲多了之后呢，就不会有麻烦，也不会有问题了。

楚乔：阿妈，那你觉得她婆婆是真的在挑媳妇的刺，还是在心疼小孩。

肥妈：心疼小孩。其实每个婆婆都是这样，年纪大了的人说话就多了。其实你妈妈也会，因为她是你婆婆，所以你有一点儿介怀。尤其是她开始的时候不是太喜欢你，对不对？总有一天你也要做人家婆婆。假如要你婆婆对你改观的话，她越唠叨，你越对她好，要大度一点，不要太计较。

肥妈**心得**

婆媳矛盾一直都是最大的家庭难题，面对爱唠叨、爱挑刺的婆婆，要学会笑脸相对，谦虚请教。毕竟，婆婆生活经验比自己丰富得多，多请教几次，一定能够改善婆媳关系。

19

香茅鸡

主料

鸡 1 只、香茅 2 根

配料

生姜 8 片、蒜 4 瓣、南姜 1 块、辣椒 2 个、白糖少许、葱头 5 粒、高汤 1 碗、鱼露 2 汤匙、白醋少许、胡椒粉少许、盐少许、葱花少许

步骤

1. 将鸡肉清理干净后，里外都抹上盐，腌制半个小时；

2. 将高汤和水按一样的分量煮开；

3. 加入生姜、葱头、香茅，将鸡放入汤中煮5分钟后盖上盖子关火，放在一旁放置半个小时；

4. 将辣椒、蒜头、南姜切块后，加入鱼露、白醋、胡椒粉，用少许高汤爆香，再加入少许白糖调味作为调料；

5. 将放置半小时的鸡捞出在冰水中过一下切成片，将做好的调料淋在鸡上，撒上葱花即可。

TIPS
烹饪
小贴士

鸡在水中，大火滚开5分钟后，关火，放置半小时，接下来一定要在冰水中过一下，这样子冷热交替，才能让鸡皮有脆脆的味道，完全不油腻。

肥妈**私房话**

请亲戚帮忙带孩子，要不要付工资？

楚乔：有位先生说，他们家有个5个月大的孩子，需要人带。但是他
们夫妻俩都要上班，他就想把乡下的嫂子接过来，帮忙照顾
孩子，可是也不能白白让人劳作啊！给钱觉得很见外，不给
钱也觉得很不好。

肥妈：当然要给啊，不然谁给你白白带啊。

楚乔：那给多少合适呢。

肥妈：平常带孩子的给多少钱，他就应该给多少，不占人家便宜。

楚乔：我们问问观众的意见。

观众：我觉得给钱不好，成了主仆关系。

肥妈：没来之前你跟她谈好价钱，来不来是她的事。有时候坦白地
讲出来，会让你一辈子都好过。

楚乔：好了，感谢我们的阿妈！做菜要明明白白，做人也是！

肥妈
心得

俗话说亲兄弟明算账，这句话在这里也不例外。都市生活
工作繁忙，家里添新生宝宝负担和压力更大。如果想请亲戚过
来帮忙照顾孩子，这钱付多少也是难题，阿妈的建议就是，给
亲戚的工资和普通保姆一样就行，不多也不少，当然这话得提
前说，以免日后带来麻烦。

肥妈食客私房菜

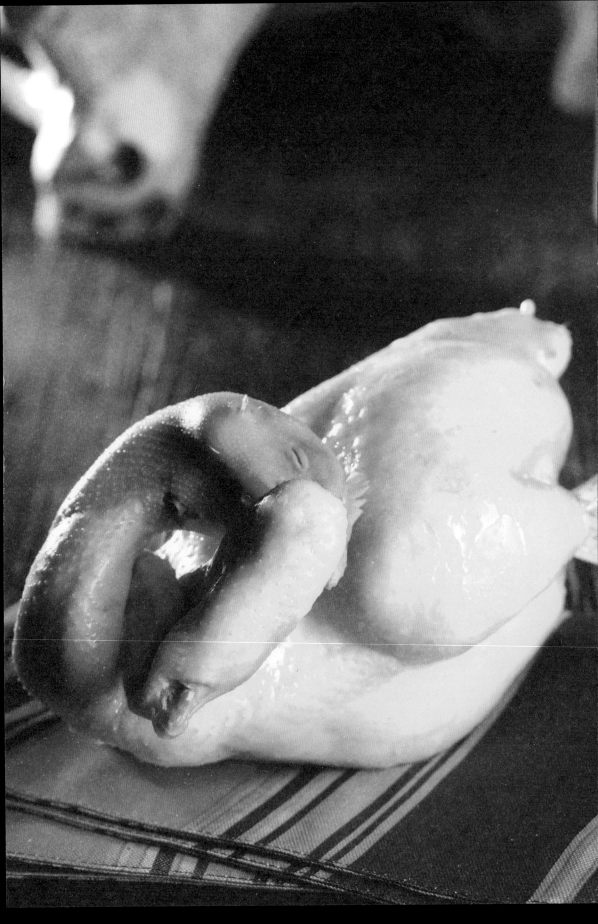

20

电饭锅手撕鸡

主料

整只鸡

配料

黄酒 2 茶匙、小葱 3 根、姜 6 片、红葱头 8 粒、盐少许、白胡椒粉少许

步骤

1. 先用盐、白胡椒粉、黄酒均匀抹遍整只鸡的内外，腌制30分钟；
2. 然后把一小把葱连两片姜片一起放入鸡腹；
3. 在电饭锅底部放入姜片、拍扁的红葱头、腌制好的鸡，煲20分钟；
4. 最后取出整只鸡，撕成一小片，淋上锅内的汤汁即可。

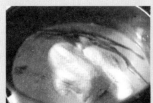

TIPS 烹饪小贴士

在电饭锅底部放一些姜片、红葱头不仅能给鸡带来香味，同时也能预防糊锅哦。这道菜不用放水，因为鸡本身有充足的水分。

 肥妈**私房话**

和男友分分合合多次，到底是谁的错？

楚乔：今天有一位观众朋友说她今年28岁了，有一个谈了4年的男朋友，他们感情非常好。但是不知道为什么，在最近一年当中他们俩总是在吵，为一点点小事就提分手。真分手后，他又说能不能原谅他，再给他一次机会。就这样反反复复二十多次。阿妈，她说她这个男朋友怎么像是变了一个人，这是怎么回事，是她的问题，还是他的问题。

肥妈：他们都有问题。

楚乔：为什么？

肥妈：他们在一起4年了，从来没有谈婚论嫁。人相处久了之后就没有责任感，你知道吗？

楚乔：那她才28岁，我觉得好像还没那么着急，又不是38岁。

肥妈：28岁还不着急，还好我不是你的妈，不然的话气死。

楚乔：她是想说这个男孩子老是跟她提分手，也不完全是她的错。

肥妈：两个人都有错，我看她男朋友也需要名分，不然就结婚，不结婚就分手。不要以为女人的青春是有限的，男人的青春也是有限的。

楚乔：现在的人很奇怪，以前是女人想有一个安乐窝，现在是男人想。这位观众就说，阿妈，我跟我的男朋友这才第4年，还没有结婚，他就变了一个人。如果结了婚以后，他会不会又变另外一个人，我很担心。

肥妈：她现在要跟他谈到底是不是打算结婚，是不是要建立一个家庭，你最近这样的表现呢，我觉得有点奇怪。是不是你想有一个家或者你想找另外一个人。

楚乔：对。

肥妈：男人突然变只有两个原因：第一，他想要名分、想有安乐窝。第二，他有另外一个选择。我觉得这个男孩子，可能心里面是有一个心结，所以才会拿一些平常的小事来找你发脾气，平常要结婚的都是女人嘛。所以，这应该不是一个什么大问题，去找他聊一聊。如果能尽早地结婚生小孩也是好事。如果不是那两个问题，也把问题找出来，解铃还须系铃人。

楚乔：对，赶紧找他沟通。

肥妈心得

　　恋人之间相处有时要学会感激与表达，也就是要沟通，在两人之间寻找共同的情趣与爱好，可以增加了解的深度与广度。有时候，一件小事你也要表示感激之情，要学会用"谢谢你"三个字，这三个字看起来简单，但这也是情感交流的一种有效方式。当然做错事了也要及时道歉。肥妈的心得是，两人相处难免会有摩擦，此时不要逞口舌之勇，心平气和的沟通才会有好结果。

21

香橙鸭

主料

鸭肉1只、橙子2个

配料

杏脯5个、洋葱1个，老抽2汤匙、料酒少许、冰糖4颗、高汤1碗、姜3片、葱头2粒、生抽2汤匙、辣椒1个、盐少许

步骤

1. 洋葱切块，葱头剁碎，橙子剥皮、榨汁，备用；

2. 用老抽和料酒均匀涂抹鸭肉，入锅煎炸至鸭身金黄；

3. 爆香姜、葱头、洋葱，用生抽、老抽调味后放入少量橙子皮、橙子汁、辣椒、冰糖和杏脯，加上适量水、盐、高汤焖煮；

4. 大火煮开后放入煎好的鸭肉一并烹煮，一个小时即可。

肥妈**私房话**

结婚6年，竟然不知道老公的月收入

楚乔：今天有一个女士问阿妈，要您帮她判断一下，她活了将近30年，到底是不是一个失败的女人？

肥妈：为什么这样讲？

楚乔：她说她跟她老公结婚差不多有6年时间了，直到现在，她都不知道他每个月赚多少钱，他银行卡有多少存款？阿妈，她是不是很失败？

肥妈：早就失败了！

楚乔：早就失败了？

肥妈：当然啊，6年前你不问，现在才问？

楚乔：她当然问过，可她老公每次都说你不要管这么多，反正家用我都会给你的，该买什么我都会掏钱。

肥妈：这些事情既然6年前没问，现在也就不要问得太过于详细。

楚乔：我有自己的隐私，她老公每次都会这样回答她。家用当然够了，但有时候要给她爸妈买东西，或者给钱的话，他就说我没有钱。是真的没有钱吗？可能银行卡里有，他就不想给。所以她就觉得结婚6年了还这样，人生特别失败。

肥妈：开始的时候，你太爱他，什么都不计较，什么都不问，现在你清醒了，啥都想问，但已经太晚了。

楚乔：所以，阿妈那你觉得像这样的男人，他脑子里想的是什么？他在存私房钱吗？

肥妈：当然了，其实每个人都有私房钱的。但是你起码让你老婆
　　　知道你一个月到底赚多少钱，这个有什么好隐瞒。你自己
　　　赚的钱，自己存也很公平，和自己老婆坦白一下其实没什
　　　么的。而对于女方呢，其实只要他对你好，生活得好好
　　　的，他都顾家拿钱回家，你还要什么？女人就是这样，安
　　　稳日子过久了，喜欢钻牛角尖。其实只要他对你好，一切
　　　就可以了。10个手指有长短，不是每一根一样长的，心放
　　　宽一点，这样你会过得更好！

楚乔：谢谢阿妈！

肥妈心得

　　夫妻间缺乏必要的了解和信任。也许一方婚前展示自己性格、爱好
等不够充分，婚后，另一方发现你有许多方面并不为他（她）所了解。
如果豁达开朗的人，即使有点小矛盾心里也不会存什么芥蒂，依然会爱
他（她）如初。但若是心眼比较小，遇事想不开，又不及时把心里的疙
瘩说出来，窝在心里自己犯嘀咕，这就容易产生猜疑了。6年的时间养
成了自己丈夫对存款闭口不谈的习惯，这在某方面也是因为婚姻开始之
初妻子对丈夫的信任，而若妻子突然开始猜疑，那丈夫必定难以接受，
不愿表达。夫妻间的感情必须建立在相互信任、相互尊重、相互了解的
基础上，而猜疑恰恰违背了这些原则，它是夫妻真挚情感的杀手。

22

柚子蜜西柠鸡

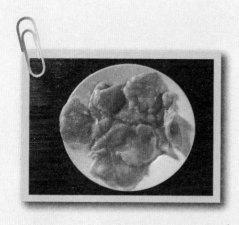

主料

鸡胸肉 500 克

配料

鸡蛋 1 个、胡椒粉少许、生粉 1 碗、柠檬汁 1 小杯、果醋 1 茶匙、柚子蜜 2 茶匙、辣椒 1 个、高汤少许、蒜头 3 瓣、盐少许

步骤

1. 将鸡胸肉切薄片，用油、鸡蛋、盐、胡椒粉腌制；

2. 将腌制好的鸡肉片均匀裹上生粉，入锅煎炸，待鸡肉煎至金黄色后捞出；

3. 蒜头、辣椒切碎，爆香，将柠檬汁、果醋、高汤调制汤料倒入锅中；

4. 放柚子蜜搅拌均匀，最后用上一点点生粉勾芡，酸甜的酱汁就做好了。蘸酱汁食用。

鸡肉表面裹上生粉，下锅煎能给鸡肉表层带来酥脆的口感。

肥妈**私房话**

女生被当男生看待

楚乔：有一位女生想问阿妈一个问题。她虽然是女生，但性格像男生，平时外形打扮也有点男性化，短头发、运动服、平底鞋。上大学的时候，别人就把她当男生一样看。现在到工作单位当中，男同事也把她当男生看，比如说在她面前抽烟。她也是女生，面对这种情况，阿妈你觉得，她要不要改一改。

肥妈：当然要改，都没有人当你是女人。

楚乔：还有晚上吃完饭，很晚了，也没人送她回家。都说你长得像男生，很安全的，你自己回家吧。

肥妈：你没有把自己当女人看，所以人家就不尊重你。其实你想改变很简单，化一点点的妆，不要化得太离谱，开始搽一点口红，开始穿裙子。

楚乔：但是，别人会说，你今天哪根神经不对，突然成这样。

肥妈：你可以这样回别人，对不起，你忘记我是女人啦，最近有人追。

楚乔：要是我，我肯定会说，是谁，不长眼就追。

肥妈：你不要管，不是你就可以了。最近有人追，不好意思，跟我讲话小声一点。

楚乔：还不要喊？

肥妈：对，不要喊。就一点点慢慢改变，不要突然之间烫头发，转变太快，大家接受不了。

楚乔：对。

肥妈：你不能期望一天就告诉所有人，我是女人。这不可能，因为你从大学到现在，别人一直拿你当男生看。你的个性，要一点一点慢慢改变。

楚乔：阿妈，你这种性格，应该有很多男人把你当好哥们，是不是？

肥妈：对呀，他们到现在都叫我哥们。我在他们面前我就是哥们，但一见到我老公，我一秒钟变淑女。

楚乔：对，做人就要懂得变通。好的，谢谢肥妈！

肥妈心得

　　温柔是女人处世的法宝，在事业上，你可能不是一个女强人，你的学历可能不是那么高；在生活中，你的厨艺也许不怎么样，你的手也许很笨拙，你的长相真的挺一般，总之你绝对不能算得上是一个十全十美的佳人。但是你有一大特点，温柔，这就比其他特点都要可爱。温柔的女人走到哪里，都会受到人们的欢迎；温柔的女人走到哪里，都能更容易博得人们的钟情和喜爱。这样的女人更像绵绵细雨，润物细无声，给人一种温柔的、柔媚的感觉。

23

洋葱鸭

主料

新鲜鸭 1 只、洋葱 2 个

配料

香叶 3 片、陈皮少许、桂皮 2 条、辣椒 2 个、
酱油 1 碟、料酒 1 汤匙、白醋 1 汤匙、蚝
油 2 汤匙、香菜 2 棵、姜数片、冰糖少许

步骤

1. 将洗净的鸭子水分吸干后，加入少许油和姜片，煎至鸭子表面焦黄捞出；

2. 爆香洋葱、姜片、桂皮、香叶后倒进电压力锅；

3. 将鸭子放入电压力锅中，放入陈皮、酱油、料酒、冰糖、白醋调味；

4. 倒入开水，水没过所有食材一半的位置，慢火炖40分钟；

5. 加入适量蚝油调味，收干汁水出锅，撒上辣椒末和香菜即可。

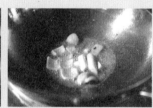
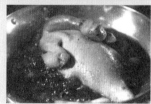

肥妈**私房话**

大姑子人前人后两个样，
妻子受尽刁难却还被老公误会

楚乔：阿妈，今天有一位妻子来投诉了。

肥妈：投诉谁呢？

楚乔：投诉她的大姑子。

肥妈：为什么呢？

楚乔：她老公的姐姐最近买了房子装修，家里没办法住，所以就住在他
们家里。她经常在电视里面看到所谓的双面人，生活中真的没见
过。但这次被她看到了。为什么这么说呢？比如说，她老公不在
家的时候，大姑子在家里好吃懒做、吃喝玩乐什么活都不干，但
她老公一回来，马上就变了一个人，扫地拖地，忙前忙后。然后
她老公就说，你怎么能让姐姐干活呢，肯定是你要求的。晚上，
她跟老公说，你看姐姐已经在家里住了一个多月了，要不要让她
回去呢？老公就着急了，质问她，你怎么能这样呢，这是我亲姐
姐，怎么能赶她走，再说她家里还在装修！阿妈，你说怎么办？
她跟她老公讲不明白，而且姐姐是双面人。

肥妈：她这么笨，学了一个月都学不会吗！做同样的工作，她老公不在
家她也这样做，她老公一回来就做！

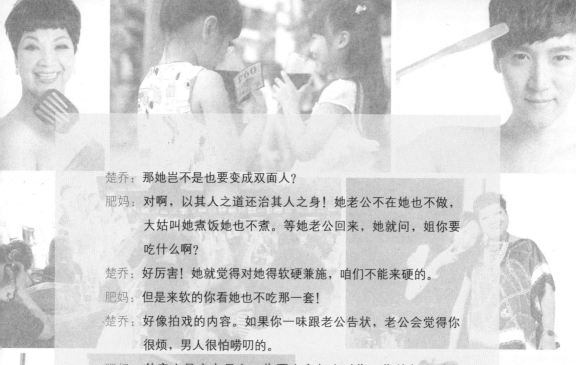

楚乔：那她岂不是也要变成双面人？

肥妈：对啊，以其人之道还治其人之身！她老公不在她也不做，大姑叫她煮饭她也不煮。等她老公回来，她就问，姐你要吃什么啊？

楚乔：好厉害！她就觉得对她得软硬兼施，咱们不能来硬的。

肥妈：但是来软的你看她也不吃那一套！

楚乔：好像拍戏的内容。如果你一味跟老公告状，老公会觉得你很烦，男人很怕唠叨的。

肥妈：其实人是应力尽之，你要人家怎么对你，你就怎么对人家。如果你一味地告状，老公的心不可能完全偏向你，也会给你们的感情带来影响。

肥妈心得

　　虽说人和人之间应该真诚以待，但还是有部分人是人前一套背后一套，心口不一。对于这部分人，一味地真心付出不见得会融化对方的心，反而会使其变本加厉。所以，肥妈支招，对于心口不一，弄虚作假的人就应该以其人之道，还治其人之身，让她体会到别人的苦处，进而才能反思自己的行为。

24

仙鹤神针

主料

乳鸽 1 只、素鱼翅 250 克

配料

香叶 2 片、八角 1 个、卤水 2 碗、蜂蜜少许、白醋 1 茶匙、盐少许、姜片少许

步骤

1. 爆香姜片，放入乳鸽，煎炸至表面金黄色盛出备用；

2. 放入香叶和八角，爆出香味后，加入一碗卤水，半碗蜂蜜，一点白醋和适量水煮开；

3. 将素鱼翅塞进乳鸽腹内，用牙签封口；

4. 将乳鸽与烧滚的卤水一起放进电压力锅中小火炖15分钟即可。

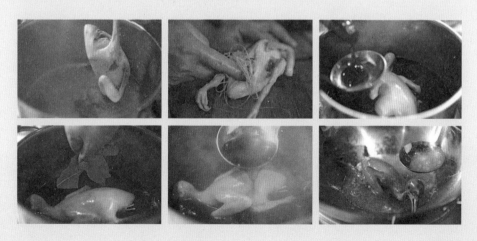

如果不用压力锅，也可以直接将乳鸽放入卤水之中，大火煮开转小火炖40分钟左右即可。

肥妈**私房话**

靠挨打赚钱，却不被家人理解

楚乔：今天这个话题是一个武校毕业的学生，因为家里经济条件不好，而他又不想做啃老族，就想自己创业。但因资金有限、学历不高，他想尝试一种新兴的职业，靠挨打赚钱。比如有些人，平常工作压力大，如果想释放情绪，发泄怒气，就可以来打他。他凭自己学的武术和气功"扛打"，打一次给多少钱，打两次给多少钱。他想跟他妈妈商量可不可以做这个行业。

肥妈：当然不行啦！

楚乔：为什么不行啊？他又没有偷，又没有抢，只是凭自己的本事赚钱。

肥妈：他这样被人打，会被打出内伤的。

楚乔：阿妈，他练过武术。

肥妈：假如他想用武术来赚钱，就去打拳吧，赚的钱很多。

楚乔：你是说打比赛的那种吗？

肥妈：对，打比赛的那种。起码头有防护，比赛也有规矩，打到激烈的时候会喊停，他去参加这种，赚的钱也很多。

楚乔：可能他认为光靠挨打赚钱会比较快。

肥妈：可是他有没有想过，他妈妈知道后心里该多难受。

楚乔：对，他妈妈就说了一句，儿子，你不能这样作践自己。

肥妈：因为他还没有为人父，不知道养儿的艰辛，无法体会父母
　　　的担忧。他可以去当保镖、动作片的替身、临时演员。其
　　　实他可以选择的工作还有很多。

楚乔：这个男孩子的出发点是好的，但是也要考虑父母的承受力。

肥妈：嗯，出发点是好，但不代表是正确的。

楚乔：英雄总有用武之地，其实他还是可以去尝试其他的职业。

肥妈心得

　　　年轻人，尤其是刚毕业的年轻人，有想法，有冲劲儿是值
得肯定的，但是作每一个决定的时候都要考虑周全，不要贪图
眼前小利，要往长远的发展来思考。找工作固然很重要，但作
为刚踏入社会的新人，第一份工作并不是为了赚钱，而是要给
自己找一个好的工作环境、好领导和适合自己的工作，不要凡
事往钱看。刚开始工作，家里不需要你给多少钱，一人吃饱全
家不饿就行了，管好自己，努力工作就好了。

肥妈食客私房菜

25

苍蝇头

主料

肉末 250 克、韭菜花 250 克

配料

红葱头 3 粒、蒜 2 瓣、料酒少许、黄糖少许、豆豉 2 汤匙、芹菜 2 棵、菜脯 1 小碗、青红辣椒各 1 个

步骤

1. 将红葱头和蒜切碎、辣椒切成末，备用；
2. 锅里放油，爆香红葱头、蒜头，加入肉末炒匀并倒入少许料酒去腥；
3. 菜脯切碎入锅炒香，再加入豆豉、青红辣椒末、黄糖调味；
4. 最后将韭菜花、芹菜切碎入锅，与肉末、豆豉翻炒均匀后即可出锅。

我们需要预先将豆豉用油浸泡，这样才能把豆豉的香味充分地挥发出来，并且在烹饪过程中还需要加少许黄糖，用黄糖的甜味中和豆豉的苦涩味。这道菜不需要放盐，因为豆豉和菜脯都是咸的。

肥妈**私房话**

这样的闺蜜，我宁愿不要

楚乔：有一个观众给我们发来消息，"我原本有一个非常幸福的家庭，
老公对我很好，儿子也乖巧。还有一个非常要好的闺蜜"。

肥妈：但是就是这个好闺蜜勾搭上了她老公！

楚乔：阿妈，你怎么知道？

肥妈：当然啦，最好的朋友不要带回家，我讲了好多遍的。

楚乔：他们结婚七八年了，有一个五岁多的小孩。就像阿妈说的，老公
跟她的好闺蜜跑了，后来他们就离婚了，小孩跟她一起生活。本
来一切都很平静，但是前一段时间她前夫生病了，她那个闺蜜又
在异地工作，没有跟他生活在一个城市。所以，她前夫就经常打
电话给她，让她去照顾他，给他送饭。

肥妈：我没听错吧，你照顾他干吗？

楚乔：对呀，我也是这样想的！但是，她就是一个很心软的女人。她
想，毕竟我们原来也有过感情，所以她就去照顾他。然后她就被
她闺蜜骂了。她现在心里比较内疚，认为自己是不是做得不对？

肥妈：当然是她做得不对！那个男人有病就想起你，没病就想不起你来，这样的男人要来干吗？

楚乔：我觉得她对她前夫还是有感情。

肥妈：毕竟在一起生活了那么多年，又有了小孩，但有感情有什么用？他都跟她的闺蜜结婚了，到时候她就成狐狸精了！

楚乔：但是她的心里会想是不是他其实还是比较喜欢我，还是惦记我？

肥妈：他不生病就想不起她来，生病才想起她来，这样的话，你一辈子都没机会！倒不如现在，用那个时间来认识一个比他好的人。他老婆宁愿上班都不照顾他，但这都不关她的事。所以这位女士不要想太多，不是人家对她还有感情，只是因为没人照顾他。通常离了婚的男人，生病之后，都是回老家见老婆！你可以帮个忙叫他去找谁来帮他，找一个佣人或者什么，自己就不要去了。他现在的老婆在的时候你不敢见，他老婆不在你偷偷去见，你就真的变成了第三者，搞得像做了什么亏心事一样！这样的话，往后你就没有什么安宁的日子。

肥妈
心得

　　现实生活中，女人承受的家庭、事业的压力越来越大，都会需要一个无话不谈的"闺蜜"作为情感支撑和倾诉对象，但应该注意不要过多去跟闺蜜谈论自己的恋情，不要高估男友或老公"扛诱惑"的能力，更不能让他随时置身于诱惑中，别拿自己的友谊考验爱情，离开以后更加不要吃回头草。

26

咖喱猪柳煲

主料

猪柳 500 克

配料

土豆 1 个、葱头 3 个、洋葱 1 个、蒜 3 瓣、红辣椒 1 个、生粉少许、糖少许、酱油 2 汤匙、咖喱酱 1 汤匙、高汤 1 碗

步骤

1. 事先在锅里放油，将切成丁状的土豆煎香盛出备用；
2. 猪柳切好，事先放油腌制，然后再加少许生粉、糖、酱油搅拌均匀倒入锅中煎香；
3. 将葱头、洋葱、蒜头切片，放一点油，爆香；
4. 最后将咖喱酱和土豆下锅，加少许高汤、水和切碎的红辣椒一起焖煮，待土豆焖烂即可盛盘。

肥妈**私房话**

赚得少，过年不敢回家

楚乔：阿妈，你知道吗？现在网上出现了一个全新的族群，叫恐归族。他们来深圳打工，刚刚毕业没多久，就在工厂里上班，一个月的工资可能就只有两三千块钱。过年回家，花销就不说了，重点是亲戚们会问，深圳遍地是黄金，你肯定赚了不少吧。他们又不好意思说一个月只赚两三千块钱。因为不喜欢这种感受，所以他们过年就不回家了。

肥妈：其实我觉得是面子问题。他们以为来深圳一定发达。他们都觉得深圳满地是钱，来了就可以捡钱回家，哪有那么容易呢。他们可以同亲戚们聊他们在深圳做什么，学了哪些东西，把他们的那些辛苦也告诉爸妈，不可只报喜不报忧，都是一家人嘛。

楚乔：那父母会说，这么辛苦干脆就回来。

肥妈：可是回来后，事业上不会有机会。趁现在还年轻，还有打拼的资本，有晋升的机会，还可以认识很多优秀的人。

楚乔：我觉得阿妈说得特别好。在这边，你起码还有机会，起码为了梦想拼过、闯过、奋斗过。

肥妈：刚刚毕业的年轻人一个月可能只有两三千块钱。但是，三五年后可能就有两三万了，对不对？

楚乔：阿妈之前也讲过，不应该光是用钱来衡量自己到底获得了什么。很多人都说经历是人一生最大的财富，是最美好的回忆。

肥妈：对，这个是不能用钱来衡量的。

楚乔：有人说，阿妈的头脑好像水龙头，问什么问题，一打开水龙头就有了。

肥妈：对，这是61年累积来的经验。

楚乔：阿妈的心里满满都是经历，并且是一滴一滴累积而来的，不能用钱来计算的。所以我们今天在这里还是要鼓励年轻人在深圳继续拼搏。

肥妈：因为最好的本钱是青春，你们有的是本钱。老话讲有钱没钱回家过年，回家看看父母。父母一天天老了，见一次就少一次了，不要将来才来后悔。所以千万不要为了亲戚们的询问，就不见自己的父母。

楚乔：所以，继续奋斗吧！

肥妈
心得

　　"恐归族"是对在外地工作，年末不愿意回家过春节的人的称呼。对"恐归族"来说，恐惧回家实在有太多的理由，如路途遥远、假期太短、年底回家各种开销大、怕被催婚等等。肥妈对这个群体的年轻人表示理解，鼓励他们继续留在大城市为自己的梦想而奋斗，但是同样的，肥妈也希望他们能够尽量回家过年，不要为一些外部因素失去跟父母见面的机会，造成一生的遗憾。

27

古法汉堡肉丸

主料

猪肉 500 克

配料

洋葱半个、面包糠半碗、盐少许、鸡粉少许、糖少许、牛奶半杯、椰汁少许、上汤少许、胡椒粉少许、香菜末少许、葱花少许、蒜末少许

步骤

1. 猪肉剁碎成泥，加面包糠和少许牛奶搅拌均匀后，放置备用；

2. 在锅中放入油，爆香葱花、蒜末、香菜末，将爆香的味料倒进拌好的肉泥，放盐、胡椒粉、少许鸡粉，搅拌均匀后，搓成丸子状；

3. 锅烧热后加油，将丸子煎炸3分钟后捞出；

4. 最后在锅中倒入炸好的肉丸、椰汁、上汤，用小火略煮开，再放入糖、盐、胡椒粉调味后，即可盛盘。

姐弟恋也能有一片春天

楚乔：今天有一位三十多岁的女士来信说，她有一套房子租给了一个刚刚毕业的大学生。之前都没有任何问题，但是他最近有点怪怪的，交房租交得很殷勤，而且还总是嘘寒问暖，问她晚上吃饭了吗，明天去哪里。

肥妈：那有什么问题？

楚乔：哪有租客会天天问房东这些，这不是不太正常吗？

肥妈：有什么不正常，就是对你有意思呗！

楚乔：对，她就是感觉到他好像对她有意思。但是她们年纪差这么多，而且她是房东，他是租客。

肥妈：真是的，人家不嫌你老，你倒嫌人家年轻！如果有感觉，就相处试试。假如她对他一点儿感觉都没有，就告诉他他俩做朋友算了。其实她自己也对他有意思，不然的话写信来干吗。

楚乔：所以，阿妈你觉得可以接触一下，是不是？

肥妈：可以，姐弟恋绝对可以接受。

楚乔：那阿妈你觉得这算不算是一种信息上的或者感情上的骚扰？就是有事没事给她发信息。

肥妈：假如她不喜欢他，就是骚扰。假如她喜欢他，就是关心，就是情投意合。

楚乔：阿妈，真的任何问题在你面前都会暴露无遗。

肥妈：我是真的可以一眼看穿。她可以试着接触一下对方。

**肥妈
心得**

在爱情面前，年龄不是问题。肥妈建议女性朋友们不要一味地拒绝，如果心里喜欢，可以勇敢尝试一下。姐弟恋也没有什么不可以。女方还可以把自己过来人的经验分享给爱人，帮助他一起成长。

28

西式丸子

主料

猪肉末 200 克、牛肉末 200 克

配料

香菜 2 棵、小葱 2 棵、百里香少许、
红葱头 3 粒、高汤 1 碗、香叶 3 片、
鸡蛋 2 个、生粉 3 汤匙、大米半碗、
盐少许、黑胡椒少许

步骤

1. 先将香菜、小葱、百里香、红葱头切碎，再加高汤、食用油与猪肉末、
   牛肉末搅拌均匀，最后加食盐、黑胡椒调味；
2. 肉泥起胶后加入鸡蛋、生粉、大米拌匀；
3. 将肉泥揉搓成丸子，入锅炸至金黄；
4. 炖锅中加入高汤、水、香叶，煮至水沸后，将炸好的丸子倒入煮至熟透
   就可以出锅。

肥妈**私房话**

婆婆肠胃不好，老公指责妻子不给婆婆吃东西

楚乔：今天有一位太太写信来说，我的婆婆是一个特别爱吃的人，跟阿妈一样喜欢做菜，也喜欢吃东西。但是她经常吃着吃着就直接吃到医院去。前一段时间过中秋节，老人家就吃了三四块大月饼。

肥妈：不行，真的太多了。

楚乔：前不久，又是因为一天连续吃了三盒桶装冰激凌，直接导致腹泻，又送医院去了。她老公的意思就是，你不要管我妈妈，我妈年纪也大了，你想她这样吃还能吃多少年，她想吃什么你就让她吃，她开心就好了。你不给她吃，她郁郁寡欢，更容易生病。

肥妈：照这样吃的话，估计身体很快就会垮。你叫医生跟她讲，你讲没有用，她不会听。

楚乔：这个婆婆也明白这个道理，但是她就是控制不住自己。最致命的一点是她老公纵容这种现象，她不让她婆婆吃，老公还会指责她。

肥妈：老人家不能吃太多，所以我觉得这个老人家好像变成了小孩。有时候确实是嘴巴舒服了，但是嘴巴舒服完之后，你的身体就会不舒服，那这就是大问题。所以，老人做错的时候，做儿女的要悉心去开导，不能放任贪吃不管，到时候真酿成大祸了，哭都来不及。

楚乔：对对，阿妈说得太对了。好的，谢谢阿妈！

肥妈**心得**

俗话说，老小孩老小孩，是说人老了就跟小孩一样。年轻人比老人总有太多的心理优势，姿态就会不知不觉地高一点。话说回来，这种优势不也是上辈人植下的树荫？还是多交流多沟通吧，特别是为人夫和为人子，在家庭中，那个角色很重要，需要点智慧来扮演，悉心开导，理性沟通，用不同的角度和正确的方法开导老人，让他们理解家人的爱和良苦用心。

29

白汁香菇球

主料

香菇 8 个、肉馅 250 克

配料

马蹄 4 个、胡椒粉少许、生粉 2 汤匙、
面粉少许、牛奶半碗、百里香少许、
鸡蛋清 20 克、盐少许

步骤

1. 香菇洗净，百里香、马蹄切粒备用；
2. 在剁好的肉馅内放入切碎的百里香和马蹄、盐、胡椒粉、蛋清、生粉，
   再顺时针搅匀；
3. 把肉馅塞入香菇内，在肉馅外层涂抹少许生粉；
4. 锅里放油，把香菇球放入锅内煎熟；
5. 煎至金黄色后再用面粉、牛奶勾好的芡汁调味上色即可。

TIPS 烹饪 小贴士

　　将肉馅塞进香菇里后，在肉馅外层涂抹少许生粉，用
油煎出来的香菇球才能保证口感更好。加入面粉和牛奶调
汁勾芡，这样香菇会更加鲜香软糯。

肥妈**私房话**

邻居占用公共区域，怎么办？

楚乔：今天有一位观众朋友说，她非常开心地从一所老房子搬到一幢新房子。但是没想到，她遇到一个蛮不讲理的邻居。他们同住一层楼，拐角有个不大的公共区域，这个邻居特别喜欢在那里堆东西，比如说扫把、鞋架，这样就占了她的地方。她跟邻居理论，对方居然说，这是公共的地方，既然你不放，那我就放。后来，她到物业那里投诉，物业也罚了款，但不怎么管用。宁愿罚款也要放出来，说是因为家里东西多，没地方放。碰到这样的邻居，她真是没办法。阿妈，怎么办？

肥妈：每天报警！

楚乔：每天报警？这么一点点小事，好像也不值得去报警。

肥妈：那就先谈判，你用那边，我用这边，井水不犯河水。不然的话，我就每天报警。

楚乔：因为那是你的权利。

肥妈：对，不能因为事小，就放弃你的权利，一直忍气吞声。还有一个方法就是找电视台的人去录播，对方会觉得脸面挂不住，也会有所收敛。

楚乔：对，谢谢肥妈！

肥妈心得

邻里关系虽然比不上与家人、亲戚的血缘关系，但因共同居住于一个地域，彼此更容易产生友情，同时也容易发生摩擦。因此，邻里之间以礼相待显得尤为必要！好的邻里关系对家庭的影响很大，会带来彼此安定、和谐的生存空间和环境。

30

金沙骨

主料

猪肋排 500 克

配料

叉烧酱 1 汤匙、柱侯酱 1 汤匙、蜜
糖 1 汤匙、玫瑰露少许、蒜末少许

步骤

肥妈焗炉做法：

1. 首先把切成段状的排骨用叉烧酱、柱侯酱、蜜糖腌制一下，把酱料均匀地
   涂抹在排骨表面，加少许玫瑰露一并腌制；
2. 把腌好入味的排骨放入焗炉中，慢火烤至两面焦黄，即可食用。

家常烹饪法：

1. 首先把切成段状的排骨用叉烧酱、柱侯酱、蜜糖、玫瑰露腌制好；
2. 把腌入味的排骨放入煎锅，用半煎炸的方式煎至排骨两面金黄；
3. 将少许蒜末过油后放至排骨上，搭配排骨食用口感更佳。

把排骨腌制一两小时，排骨吃起来更入味。

肥妈**私房话**

婚后分处两地，到底谁该退让？

楚乔：今天我特别想跟阿妈来聊聊这个双城之恋。我们讲得浪漫
　　　一点叫双城之恋，其实就是异地恋。

肥妈：异地恋，就是在两个地方。

楚乔：你知道有一个女生呢，她跟她老公本来都在深圳这边工作、
　　　生活。但是老公因为工作需要就调到成都去了，大概要五六
　　　年才能回来，他们这段时间就是通过写信、微博、上网、
　　　打电话来维系感情。但是，一到节假日，尤其是七夕、情人
　　　节，看别人都成双成对，她就觉得特别落寞。

肥妈：过节她可以去成都呀！

楚乔：但是五六年这么久，她就有点动摇，在犹豫到底还要不要
　　　坚持？

肥妈：感情是要付出的，没有付出就想得到恒久不变的感情，哪
　　　有那么好的事。

楚乔：她会觉得太辛苦，每周都飞来飞去。

肥妈：假如她爱那个人就一点都不辛苦，如果她不爱他，她就是从深圳到广州都会觉得辛苦。

楚乔：那倒也是。

肥妈：一人飞一个礼拜，这样也可以，对不对？假如她实在不舍得他，那就辞职陪他到成都。

楚乔：那也太伟大了吧！

肥妈：有吗？不想离开他就要这么做，对不对？

楚乔：那就得舍弃自己的事业去陪老公。

肥妈：不可能两全嘛，只能顾一头了，鱼和熊掌不能兼得。人不能太自私，每一段感情都需要付出。

肥妈心得

　　异地恋是考验大多数情侣的一道坎，很多情侣在这道坎前面摔倒，几年的感情灰飞烟灭。对于未婚的男女情侣这可能还不是最恐怖的，但是，对于结婚的夫妻来说，异地会给生活带来很大影响，不仅仅是过节没有人约会这么简单。所以，婚后异地的夫妻，肥妈建议，最好夫妻有一方可以为这段感情多付出一点，做一点点让步，让生活更美满！

31

糯米蒸排骨

主料

排骨 500 克、糯米 200 克

配料

干葱头 2 个、生姜 1 片、蒜 3 瓣、辣椒 1 个、酱油 1 汤匙、糖 1 汤匙、生粉少许

步骤

1. 将排骨洗净剁成小段，拌入食用油、酱油、糖、生粉腌制，备用；

2. 蒸笼上铺上一片荷叶后，将提前泡水的糯米均匀地铺在荷叶上；

3. 将干葱头、生姜、蒜、辣椒切末，与排骨搅拌均匀，铺在糯米上后入锅蒸20分钟。

TIPS
烹饪
小贴士

蒸糯米前一定要先泡水，不然蒸出来的糯米硬得咬不动，就大失风味了。

肥妈**私房话**

婆婆黏老公

楚乔：阿妈，有一位观众遇到了一件难以启齿的事。她老公是单亲家庭，他们现在跟他妈妈一起生活。很奇怪，在结婚之前，她婆婆对她特别好。但是婚后，她婆婆像变了一个人，她老公一旦不在，她婆婆就转脸变成另外一个人。比如说他们夫妻在房间里聊天，不到半个小时，她婆婆就会喊她老公出去陪她看电视；又比如说逛街，她平常都喜欢挽着老公走，但是她婆婆也要挽着她儿子，经常是她老公一边挂着一个。她就很疑惑，她婆婆是要跟她抢老公吗？

肥妈：因为是单亲家庭，你要知道，她的儿子就是她的全部。媳妇不应该吃醋，媳妇应该趁老公不在的时候，邀请婆婆看场戏，逛逛街，成为好朋友。要让婆婆知道，她不但不会抢她的儿子，还比儿子更贴心、更孝顺。

肥妈**心得**

　　单亲家庭，很容易形成母子相依靠的状态。结婚后，婆婆发现儿子已经不再是她一个人的了，这时她心里会恐慌，她会无意识地和你竞争。这时，作为儿媳妇，你不应该抱怨，应该加倍对婆婆好，给她安全感和幸福感。

32

京都排骨

主料

排骨 1000 克

配料

酱油 2 汤匙、生粉 3 汤匙、白醋少许、
番茄酱 2 茶匙（可用番茄替代）、洋
葱 1 个、蒜 2 瓣、红辣椒 1 个、糖少许、
高汤少许

步骤

1. 排骨剁小段，加酱油腌制，再裹上生粉放入油锅中炸至半熟；
2. 将洋葱、蒜切片，爆香，倒入白醋、番茄酱、糖、高汤煮沸，将排骨倒
   入，小火焖煮10～20分钟；
3. 红辣椒切小段，放入锅中翻炒入味就可以出锅了。

要想排骨酥脆爽口，最重要的一点就在于下锅煎炸时，排骨需保持半熟，这样复炸时才不易变老，导致口感差。

 肥妈**私房话**

儿女30岁不结婚，父母着急

楚乔：阿妈，新修订的《中华人民共和国老年人权益保障法》规定，家庭成员应当关心老年人的精神需求，不得忽视、冷落老年人。与老年人分开居住的家庭成员，应当经常看望或者问候老年人，不常看望老人属违法。原来只是从道德层面上谴责，现在你不回去就是违法了。就为此事，媒体采访了很多路人，其中，有一位老大爷说的话让我记忆非常深刻。老大爷说，没关系，你们看不看我没关系。但是国家应该出台一项新的法律，30岁以后还不结婚就是违法。不回家看我们违什么法？30岁了还不结婚才违法。

肥妈：确实应该常常回家看看父母，看一次就少一次。

楚乔：对，现在都写进法律了。

肥妈：是应该经常去探望父母，但是说违法，我就持保留意见。为什么呢？譬如你家乡在湖北，你在深圳工作，要多久回去一次呢？

楚乔：对，就是次数和时间点很难把控。

肥妈：因为工作的人只有过年才会有较长一段假期。但也还是有一些不确定的因素，比如说过年要加班或者买不到车票。我觉得写入法律的出发点是好的，这也是我们中华民族的传统美德，我绝对同意。可是还是要考虑一下具体情况，要看子女是不是故意不去看老人，假如故意不去看老人，当然不好；可是如果是工作原因，相隔的地方太远，有些老人在乡下根本也不想搬出来，那就要另当别论了。

肥妈：刚刚那位老人说30岁不结婚就违法，说得太好了。家里的孩子30岁还不结婚，这会让做父母的多着急，多担心。我比他好，我再多给5年，35岁之前一定要结婚。哪有人不结婚、不生孩子、什么责任都不负的？

楚乔：对。但是结婚不像吃东西，我饿了就吃，没那么简单嘛，阿妈！

肥妈：可能是大爷他们那个年代，20岁刚出头就要结婚生小孩，但是现在不一样了，你看现在北京、上海、深圳、广州这样的大城市，30岁不结婚的人太多了！我最小的老六37岁还没结婚，所以我只有12个孙子，我在等第13个啊。

楚乔：我不知道阿妈有没有去过深圳的莲花山公园，里面有一个小小的角落，很多爸妈代替孩子去相亲，他们会把孩子的照片、信息打印出来挂在那边的树上，然后爸妈们去挑选，哪个不错，赶快记下来，回去跟孩子讲……

肥妈：不会吧？

楚乔：真的，真的，就在莲花山公园里面。

肥妈：给我地址，我老六还没结婚，我先去看一下，看有没有合适的。

楚乔：好啊，看来现在的爸妈都比孩子着急。

肥妈：当然啦，只要孩子一天没结婚，我心里时刻都会担心。

楚乔：谢谢肥妈！

肥妈心得

男大当婚，女大当嫁，这是中国传统的婚姻观。父母都希望儿女能早日成家立业，传宗接代。而这无疑与现在很多年轻人的婚姻观存在很大差异。这就需要两代人好好沟通，长辈催婚出发点是善意的，晚辈对于婚嫁问题也不要一味排斥，而应积极寻觅属于自己的幸福婚姻。

33

烧肉焖茄子

主料

烧肉 400 克、茄子 1 个

配料

豆瓣酱 2 汤匙、糖少许、
蚝油 2 汤匙

步骤

1. 将烧肉切块，加蚝油后，放入盘中备用；

2. 在锅中倒入少许油，把豆瓣酱炒香，加少许糖调味；

3. 再在锅中放入烧肉块，加水用小火焖15分钟，再将切成小块的茄子
   放入煮熟即可。

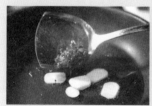

肥妈**私房话**

老公太过无私

楚乔：一位观众说，她老公是一个热心肠的人，但是她非常郁闷。

肥妈：为什么这么说？

楚乔：因为她老公就属于那种对朋友、邻居、同事比对家人还要好的人。比如吃饭时，别人叫他帮忙，"老王来帮我换个灯泡""我们家煤气没有了，你帮我换下煤气"，他立马放下饭碗，就这样去帮忙。别人说"老王我差点钱，你借我一点呗"，他就直接掏钱给人家了。她说这怎么办呢？虽然叫他老公，但是他也不是公家的，他是我一个人的。所以，阿妈，你说怎么办？

肥妈：她爱得太自私了吧。其实，假如她老公不是那种人，她也不会嫁给他，对不对？

楚乔：但这样会不会太过头了？

肥妈：男人都是这样爱管闲事，你以为就女人爱管闲事吗？男人多的是！男人就是这样，他一定要有一个爱好。

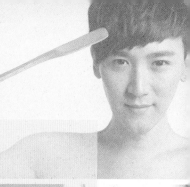

楚乔：那倒也是。

肥妈：而且那也不花钱。

楚乔：谁说不花钱，通常别人借钱，都是有去无回。

肥妈：那就看着他的钱包。知道他是那种人，每天钱包里就不能多过50块。

楚乔：对，不给你，钱在我这儿，看你怎么去帮。

肥妈：所有的夫妇相处总有方法，他的缺点要懂得包容，假如他不是这样热心肠的人，她当初也不会选他。

楚乔：那别人会不会在背地里说狗拿耗子多管闲事，别人家的事管那么多！

肥妈：那关你什么事，你不可能让每一个人都喜欢你。

楚乔：是的，非常对！

肥妈心得

有个作家说"男人的上辈子都是超人"，就是说他想拯救世界，还有拯救地球。因为这样做可以让他有满足感。老公爱帮助别人，正是因为这样做，可以让他快乐、满足。所以，作为老婆应该支持他，当然，对于一些超出范围的帮助，也要适当地提出自己的意见。肥妈说得对，可能正是因为老公这种助人为乐的品质才让你爱上了他，所以，还请继续支持他、相信他！

34

杂锦五花腩

主料

五花腩 1000 克

配料

草菇 250 克、柠檬半个、番茄 1 个、洋葱 1 个、葱头 2 个、红萝卜 1 根、椰菜半棵、辣椒 1 个、姜 2 片、高汤半碗、料酒 2 匙、鱼露适量、芝麻油少许

步骤

1. 五花腩和草菇切片后入锅，洋葱、番茄、柠檬、葱头榨汁后倒入锅中，加水、高汤煮制；
2. 辣椒和红萝卜切片下锅，撒上姜末，倒入料酒和鱼露调味；
3. 椰菜撕片后入锅，与五花腩小火焖煮至收汁后，淋上芝麻油，即可出锅。

洋葱和番茄要榨成汁，这样和五花腩一起煮制时会更加入味，也不会有油腻的口感。

 肥妈**私房话**

孩子叛逆，跟妈妈动手甚至离家出走，该如何管教？

楚乔：阿妈，今天有一位爸爸写信来说，他们家小孩特别难带。他儿子今年上小学4年级，比如说，他家孩子平常做错事情，他们还没有打他，只稍微批评了几句，他家孩子就会顶嘴，有时候还跟他们推推搡搡，有点想打人的架势。前一段时间，孩子为了一点小事跟妈妈吵架，吵完之后就冷战。最近，孩子又因为考试没有考好，在家里被训了几句后，居然离家出走了。

肥妈：嗯，走到哪里去了呢？

楚乔：去了他同学家里。他爸爸费了大半天劲儿，打了许多电话，最后才通过他同学的家长找到。他爸爸实在很头疼，怎么会有这么顽皮的孩子，阿妈，你有没有什么办法呢？

肥妈：当然有啦。我告诉你，孩子为什么会有今天，就是他爸妈不教。有些孩子为什么总是去网吧？因为他口袋里有钱。但他的钱是谁给的呢？

楚乔：爸妈呗。

肥妈：如果他没钱又怎么会去网吧呢。平常，你们跟孩子极少沟通，下班回来不关心他的生活，他也不会主动来找你谈心。那感情从哪里来？说真的，工作再怎么忙，周末也一定要带小孩多出去走走。前阵子，我带儿子、儿媳妇他们一家到我菲律宾佣人家里体验生活。

楚乔：哦，那怎么样呢？

肥妈：他们很惨哦。

楚乔：为什么？

肥妈：下飞机后要坐6个小时的巴士才到他们家。佣人家里没有热水，都是从井里打冷水上来。佣人家的小孩都是用冷水冲凉，我孙子他们就不行。那里晚上有很多蚊子，要挂蚊帐。也没有洗手间，要用痰盂，用完之后出去倒。第二天，我儿子他们全家都想哭。

楚乔：哈哈哈，这种生活，他们长这么大可能都没有尝试过。

肥妈：这样艰苦的生活你不要让他一个人去尝试，你要陪着他去体验这种生活。我送给我佣人的孩子一个我孙子以前玩过的玩具，他们非常珍惜。再来看看我们家孙子，他们的玩具扔得满屋子都是，这时，我就告诉他，你看看穷人家的小孩是怎样生活的，你比他们幸福太多了。从那回来之后，孙子他们现在非常乖，不会浪费任何东西，也不会喜新厌旧。

楚乔：哈哈，这就叫情景教育。

肥妈：对啊，光凭你讲，他是感受不到的。你要陪着他去感受、去看，看人家怎么生活，才知道自己有多幸福。所以那个打人的小孩，他的爸妈就要教育他，让他知道打人是不对的。要亲身教育为主，多陪伴孩子。

肥妈心得

孩子犯错，父母有过，如缺少时间陪伴、缺乏沟通和理解、缺乏换位思考、缺乏耐心教育。其实在孩子的成长过程中，父母不仅要抽出时间陪他，家长更需要跟孩子多互动。例如，带他们参加课外活动、爬山、野炊或者去贫困地区体验生活等等。先苦后甜，只有这样才能让孩子更懂得珍惜现在的生活。尤其是一些被老人溺爱的孩子，他们更容易被宠坏。而在犯错之后，家长更不能动辄棍棒相加，这样会造成孩子的逆反心理，给孩子留下阴影。

35

泰式猪颈肉

主料

猪颈肉 500 克

配料

洋葱半个、红辣椒 3 个、生姜 3 片、
蒜 2 瓣、红葱头 3 个、柠檬叶 2 片、南
姜 1 块、香茅 2 根、香叶 2 片、鱼露少许、
黄糖少许、盐少许、青柠檬半个

步骤

1. 香茅、柠檬叶切碎，红辣椒切成条，生姜切丝，蒜、红葱头、洋葱切片，
   南姜、青柠皮磨成丝，青柠檬肉榨汁，猪颈肉加油拌匀备用；

2. 爆香生姜、蒜、红葱头，倒入猪颈肉煎香，加入香茅、香叶、柠檬叶、南
   姜、青柠皮、红辣椒一起炒香；

3. 加入鱼露、黄糖、盐、青柠汁、洋葱调味，稍稍翻炒一下，一道香滋滋的
   泰式炒猪颈肉就可以上桌了。

父母偏心弟弟，我该怎么办？

楚乔：有个小孩想问阿妈，为什么她的爸爸妈妈偏心。她本是独生女，家里有什么好吃、好玩的东西都会留给她。但去年她妈妈又生了个弟弟，现在她变成老大了，什么好吃的，妈妈都会留给弟弟。她觉得受冷落了，没有人关心，没有人爱她。

肥妈：人就是这样，家里的老大或多或少受到的关注会减少，因为更小的孩子需要更多的关心与照顾。大一点的孩子就会产生失落感。所以父母要教给孩子责任感。

楚乔：因为她经常听肥妈说你有12个孙子，她就想问，那肥妈你对12个孙子都是一模一样公平吗？

肥妈：很公平？怎么可能，肯定会稍微偏向某一个。如果我去美国，买东西一定是买12份。我去的时候2个箱子，回来的时候10个箱子，箱子里全是买给他们的东西。每人一份，大小无所谓，关键在于你有没有一视同仁。这个小孩，你一定要跟你妈妈讲出你心里所想。

楚乔：是不是妈妈一旦有了小一点的孩子，很容易忽略这个大一点的。因为小一点的孩子更需要照顾。

肥妈：其实妈妈也不是偏心故意照顾小的，因为他不会自己上洗手间，不会自己吃饭，所以，妈妈用在他的身上的时间可能就多了一些，并不是妈妈偏心不爱你。假如你觉得心理不平衡了呢，要及时跟妈妈沟通。可能妈妈有时忙，没有注意你的心理波动。

楚乔：对，每个人都会有错。

肥妈：你跟妈妈讲了之后，你要让妈妈改，对不对？你做错了，妈妈都会教你。妈妈做错了，为什么你不教妈妈呢？

肥妈心得

　　家里有几个孩子的父母，应该多多关注长子或长女的心理波动，适时和孩子沟通，让他们也能感觉到父母并不是不再爱他。同时也可以邀请他们一起照顾弟弟妹妹，让他们有一份责任感和成就感。

36

咸鱼蒸肉饼

主料

猪肉馅 300 克、咸鱼 1 块

配料

燕麦 3 汤匙、鸡汤半碗、胡椒粉少许、
盐少许、姜丝少许

步骤

1. 用鸡汤、胡椒粉和少量的盐将燕麦与肉馅搅拌均匀；

2. 将肉馅平铺于蒸笼中，把切好的咸鱼放在肉馅上方；

3. 撒上姜丝，盖上锅盖，蒸上10分钟，咸香美味的咸鱼蒸肉饼就大功告成了。

男朋友手机里有前女友的照片

楚乔：今天有个女生写信来说，她拿男朋友的手机玩，翻到相册，看到里面有他前女友穿比基尼的性感照。她问她男朋友这到底怎么回事，为什么分手了也不删掉？男友说，我跟她现在是朋友，偶尔还联系一下。只是存了一张照片，没什么大不了的。她就因为这件事，一直耿耿于怀。

肥妈：她这样不大方，婚姻呢也不会长久。

楚乔：可是，他没事看性感照是什么意思？还在幻想她吗？

肥妈：假如我老公看的都是男的，我才害怕呢！

肥妈：就比如我们女人，看到帅哥，也会多看几眼。美的事物，我们多欣赏一会儿是没有错的。

楚乔：但是那个男生也不开心。他说，你怎么可以随便翻我手机，我也有自己的隐私。

肥妈：我就不会看我老公的钱包，也不会查他银行卡里的余额，更不会翻他手机。他不是犯人，对不对？

楚乔：所以，阿妈，那你建议情侣还是要给对方留一些小小的空间。

肥妈：人心是一面镜子，你要别人怎么对你，你就得怎么对人家。对自己有信心，对家庭有信心，这样就OK！

肥妈心得

　　情侣之间为前任吃醋很正常，但是双方都要把握好一个度，要知道有些记忆是抹不掉的。既然你的男友和她已经成为了过去，而且现在他心里装着你，幸福也是和你分享的，你也不必太在意他的过去。而你真正要做的，是让他觉得和你在一起才是人生真正的归宿，在未来的回忆里，你才是他生活中最重要，最值得爱的人。

37

燕麦羊排

主料

羊排 3 根、燕麦 2 碗

配料

黄芥末 2 茶匙、橄榄油 2 茶匙、盐少许、
百里香少许、迷迭香少许、胡椒粉少许

步骤

1. 将燕麦在锅中稍稍烘烤至熟，然后把羊排外层的油脂切下备用；将这些
   油脂放入锅中煎炸出油，炸得酥脆的羊油渣捞出来也能食用；
2. 将羊排用由百里香、迷迭香、胡椒粉、黄芥末、盐、橄榄油调好的料汁
   均匀拌上，腌制一会儿；
3. 余留在锅中的羊油，可以用来煎炸腌制好的羊排；
4. 等到羊排两面煎炸至金黄，再把羊排捞出裹上燕麦，一同再次回锅煎炸
   熟透就可以了。

肥妈**私房话**

刁蛮女友爱吃醋

楚乔：阿妈，有一位观众有这么一个疑问，他和他女朋友在同一家公司里面工作，他的性格比较温和，女朋友的性格属于刁蛮、蛮横、有一点不讲理、还有一点爱吃醋的那种。平常他稍微跟朋友、同事聊聊天，她都会不开心。最近公司又来了一批新人，都是一群刚毕业的小妹妹，人长得漂亮，公司的人都很喜欢她们。前两天她们说要请客吃饭，他和他女朋友都去了。点菜时，她全点一些贵的菜，最后结账时，发现吃了近3000元。当时，他觉得新人们刚毕业，还没拿到薪水，根本没有能力支付这么一大笔费用，最后，他主动掏钱买了这一单。回家后，女朋友生气了，她说，别人请吃饭，你买什么单。阿妈，他怎么跟女朋友好好讲一讲呢？

肥妈：坦白跟她讲，你这样的性格，我们还怎么走下去。一定要跟她谈，要教她做人的道理。你现在放任不管，将来结婚后，你会很惨。一定要坦白地告诉她，假如我不爱你，你也不会成为我女朋友，对不对？你不要嫉妒别人年轻，年轻是必然的，而且你对我这么没有信心吗？

楚乔：我觉得她可能是对自己没有信心，不一定是对男朋友。

肥妈：对，假如她对自己这样没有信心的话，往后的日子很难过下去。你故意点3000元的菜，不是没人知道。回了公司，你自己也很难面对，好像要给新人一个下马威。你也做过新人，也知道这样做不对。而且你也要清楚，公司会不断招新人，比你年轻比你漂亮的也会一拨一拨地来，你如果这样持续下去，应付得不累吗？

楚乔：他自身的性格也要改一下。你要坦白地告诉她，不然的话你也忍受不了。

肥妈心得

　　女人吃醋是难免的，但如果过分，就会导致夫妻、情侣生活在猜忌和怀疑中。爱美之心，人皆有之，女人完全没有必要因为男人多看了别的美女两眼，就大发醋威，上纲上线，只要他爱着你就够了。

Part 2

民以「鲜」为先

38

蚝仔饼

主料

生蚝10只、红薯粉3汤匙、鸡蛋5个

配料

香菜2棵、香葱1棵、盐少许、胡椒粉少许

步骤

1. 将红薯粉加水打成糊，然后将鸡蛋液和切好的香菜、香葱末，加少许盐和胡椒粉搅拌均匀做成浆料；

2. 接着把生蚝氽水，捞出后放入打好的面糊中，和浆料一起拌匀；

3. 最后在平底锅中倒入适量的油，把面糊摊成饼状，慢火煎熟，待两面至金黄色即可装盘。

肥妈**私房话**

妈妈爱心太过，竟收养了30多只流浪狗

楚乔：一位女士说，她妈妈今年退休了，但她有一个爱好——特别喜欢
　　　收养外面的流浪狗。但我们家只有四五十平方米，地方也不大，
　　　她现在已经收养了30多只流浪狗了。

肥妈：30多只？

楚乔：只要在路边有一只没有主人的小狗，她都会把这个狗狗抱回家。
　　　并且她的退休工资全部花在这些流浪狗身上。这位女士劝她妈妈，
　　　妈，你自己没必要这么省吧，舍不得吃，舍不得穿，钱都花狗狗
　　　身上了。她妈妈回答，看它们流浪，我就觉得好可怜。她应该怎
　　　么劝劝这个老母亲呢？

肥妈：母亲爱狗是应该的，我自己也收养了12只，但是没30多只那么
　　　夸张。

楚乔：对，30多只呢。

肥妈：第一，30多只狗，时间也不够平均分给每只狗。第二，家的面积不大，
　　　现在是不是显得特别拥挤。狗不是给它东西吃，给它关心就可以，
　　　狗需要有地方走动。

楚乔：但是她妈妈又会说狗在外面流浪，地方是很大，但没吃没喝的，还不如在我家好吃好喝呢。

肥妈：不行，它一定要运动，不然会生病的。可以建议她妈妈在网上找一些专门收养流浪狗、猫的团体，跟他们合作。比如把狗放在他们那里，每天固定抽一些时间去陪它们。

楚乔：我想，会不会是因为退休在家的妈妈没人陪，觉得特别寂寞，所来才会收养狗狗。这样，家里起码还有一点声音。

肥妈：对，这种情况也有可能。可是呢，什么事情都要量力而行，适可而止。她要告诉妈妈，假如她真的为了狗狗好的话，自己在家里养几条就可以了，再多了，家里也没有它们活动的空间。跟那些团体合作后，可以每天去看它，每天去帮忙。可以这样跟母亲讲，因为她是有爱心的人，她也想狗狗有地方活动。

肥妈心得

有爱心是好事，但是一定要根据自己的实际情况，不要太过逞强，毕竟一个人的力量是有限的，群众的力量是无穷的，多找一些人帮助，对自己、对对方都好。

39

咖喱粉丝虾煲

主料

鲜虾500克、粉丝两块

配料

泰国咖喱酱2汤匙、椰汁1碗、香菜少
许、红葱头3个、姜2片、蒜6瓣、上汤1
碗、葱花少许、红椒末少许、生粉少许

步骤

1. 鲜虾去头去尾洗净后裹上生粉，用油爆出香味后捞出；

2. 红葱头、蒜瓣、姜切末，入锅爆香，然后再加入咖喱酱、上汤、椰汁煮香；

3. 放入大虾、粉丝入锅吸收汤汁，再撒上葱花、香菜末、红椒末就可以出锅了。

肥妈私房话

孩子说谎，夫妻矛盾

楚乔：今天有一个朋友来信说："我跟我老公结婚时，他带了一个8岁的小女孩，他平常非常溺爱这个女儿。有一天，这个女孩子英文单词没有背完，她爸爸就简单说了她几句，我丝毫没有说话。过了一会儿，她在房间里哭，她爸爸问怎么回事，那小孩竟然说我打她。我明明没有，我怎么敢打她呢。我老公就冲我发脾气，我说没有，可他不信，他说小孩是不会骗人的，两人就吵了起来。最后他竟然说你给我出去，我宁愿要小孩，我是不会为了你不要小孩的。我觉得受了莫大的委屈，怎么会这样？"

肥妈：不用委屈，你跟她同住一个房子里面，你当后妈，你也有责任。

楚乔：这位太太总是觉得那个小孩对她有敌意。

肥妈：所以妈妈要先主动找女孩谈心。跟那个女孩谈的时候，将对话录下来，问她为什么冤枉你呢。表明自己不介意被冤枉，假如可以帮助她，自己愿意。问她是不是怕爸爸生她的气。是不是她生她爸爸的气哭，让她说实话。录完了，再给老公听。让老公听完，告诉他，除了他，你也爱她，让你管教一下她，也是让你尽一个当妈的责任。两个问题都解决了。

楚乔：所以就是你要把她当成你的亲生女儿一样来对待，好好来管她。

肥妈心得

　　在孩子的教育问题上，肥妈认为，首先不要溺爱孩子，要有原则地去教育孩子。如果是作为孩子的继母，应该跟你的丈夫沟通好孩子的教育问题，达成一致后再实施你的教育方法。其次，一定要把孩子视如己出，尽到当妈的责任，像亲生小孩一样来对待他，教育他。

40

蒜蓉蒸扇贝

主料

扇贝6只

配料

辣椒2个、冬菜少许、蒜蓉少许、粉丝1块、胡椒粉少许、鸡汤少许、盐少许

步骤

1. 新鲜扇贝清洗干净，从中间用刀对剖开，洗净内部后，放入盘中摆放好；

2. 粉丝先用热水泡软，套圈放在扇贝壳上，再放扇贝肉；

3. 将鸡汤、盐和胡椒粉拌均匀后淋在粉丝上；

4. 锅中注油烧热，炸香蒜蓉，将炸有蒜蓉味热油和蒜粒浇在粉丝上；

5. 将辣椒、冬菜剁成末，放在扇贝肉上，再放点蒜蓉，蒸6分钟就可以开始享用了。

TIPS
烹饪
小贴士

首先要记住粉丝放在扇贝肉的下面。其次要放两种蒜，一种生的一种爆香的，因为光放生蒜蒸出来不够香。

家有啃老的儿女，该怎么办？

楚乔：前段时间，有个妈妈打电话过来跟我们说，她儿子大学毕业后
3 年了一直都没找工作，前不久好不容易找了一份工作，工资
只有两三千，他不够用，每个月都找她要。她心想着他都这么
大了，将来她不在了他要怎么办？不给吧她又心疼。他这样啃
老该怎么办？

肥妈：他赚两三千就让他花两三千。

楚乔：他会说，我最近交了女朋友，能不能支援我一点。

肥妈：算了吧，那你自己多赚点。

楚乔：但这工作开始就三千。

肥妈：可以给，但是次数不能多，要跟他讲明白，我可以给你工作应
酬上的消费，但不会长时间给。总是补贴的话，他也没有上进心，
将来怎么办？这个不怪他，怪父母从小的时候没有教他，什么
叫责任感？要让小孩知道赚钱的难处，他才会节省。

楚乔：可是当妈的不忍心看到啊！

肥妈：那他忍心从年迈的父母手里接过辛苦的血汗钱吗？

肥妈
心得

老鹰教小鹰飞翔的时候就是直接把它从悬崖上扔下去，这种方式
看似残忍，其实是小鹰学会生存最重要的一课。所以这给我们的启示就
是，在教育小孩时要从小培养他们的责任感和上进心，必须心狠才能让
他们在这个社会立足，溺爱只会让小孩成不了大器。当然，小孩在刚参
加工作时可能会因为工资低不能保障自己的生活，作为父母可以给予适
当的帮助，但是不能长期资助。

41

咖喱螃蟹

主料

螃蟹2只

配料

咖喱粉2汤匙、洋葱1个、葱头3粒、蒜3瓣、鸡蛋1个、番茄1个、盐少许

步骤

1. 将螃蟹洗净后切块，放置盘中备用；

2. 将切片的洋葱、葱头、蒜、咖喱粉下锅爆香，加入螃蟹翻炒片刻；

3. 加入盐调味，放入热水焖至螃蟹熟；

4. 熄火后将打好的鸡蛋液均匀地淋入咖喱汤汁，将番茄切片点缀在螃蟹上。

肥妈**私房话**

相亲遇到初恋男友，我该怎么办？

楚乔：有一个女生，三十多岁了，她爸妈一直催她结婚，并且安排她去相亲。第一次相亲时，介绍人打包票说对方很不错。结果一见面，她居然发现那个男生是她十多年前的初恋男友。阿妈，你说奇不奇妙？她就想这难道是老天给我们安排的缘分吗？

肥妈：这是天赐的缘分，好不容易撞到自己的初恋情人，还在想什么？你再想人家都跑了。他也没找到合适的人，你也没找到。两个人不约而同来相亲，那就是缘分。

楚乔：但是我们不是有一句老话说这"好马不吃回头草"？

肥妈：没草吃的时候，什么都要吃。这要看前面有没有草。如果前面草都没有了，只剩下沙泥，那还是赶快吃一下面前的草。

楚乔：讲得好，看前面有什么东西。没有筹码了，命运的安排也是缘分。

肥妈：对，一直跑，一直跑，水都没有了，跑到荒郊野岭就什么都没得吃了。

楚乔：是这个道理，而且你会发现，当时大学谈恋爱，毕业分手的情侣，后来兜来转去又走到一起结婚了，人生就是这么奇妙。

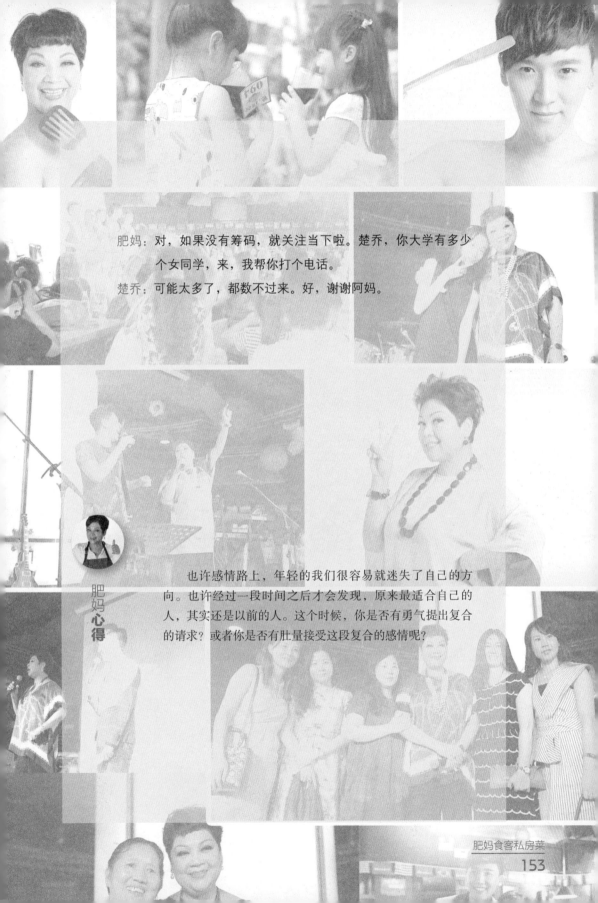

肥妈：对，如果没有筹码，就关注当下啦。楚乔，你大学有多少
　　　个女同学，来，我帮你打个电话。

楚乔：可能太多了，都数不过来。好，谢谢阿妈。

肥妈心得

　　也许感情路上，年轻的我们很容易就迷失了自己的方
向。也许经过一段时间之后才会发现，原来最适合自己的
人，其实还是以前的人。这个时候，你是否有勇气提出复合
的请求？或者你是否有肚量接受这段复合的感情呢？

42

虾胶酿香茅

主料

虾500克、香茅3根

配料

番茄1个、柠檬叶1片、葱头2个、南姜半两、生姜半两、辣椒1个、盐少许、胡椒粉少许、生粉少许、糖少许、醋少许、番茄酱3汤匙

步骤

1. 把一根香茅切碎、与柠檬叶、葱头、南姜、生姜、辣椒一起放入搅拌机打成酱；

2. 将一勺搅好的调料酱与虾、盐、胡椒粉一起在搅拌机里打成虾胶，并在碗中反复拍打，放一勺生粉拌匀；

3. 在香茅中段部分蘸一些生粉，把打好的虾胶包在香茅上，表面再铺一些生粉，放入锅中煎熟，盛盘备用；

4. 把切好的番茄和辣椒放入锅中，放少量醋、番茄酱、少许盐、胡椒粉、糖调成酱汁，浇在做好的虾胶串上。

去深造升职还是生孩子

楚乔：前几天有个要准备怀孕的女士，她在微博上跟我们说，现在她是公司里的一个小主管，但是公司的高层给她一个去纽约深造的机会，但要去 2 年。她现在已经 35 岁了，老公希望她别去了，因为这个年龄生孩子本来就是高龄了。而她想着回来后还可以升职，到底去还是不去呢，她特别犹豫。到底生孩子重要还是工作重要，这机会也挺难得。

肥妈：我不是她，没法帮她选择。每个女人都会有这样抉择的时候。有时候你选择事业了，家庭就顾不到了。1990 年，我到上海。1991 年，我在北京做生意，那个时候假如我选择待在北京和上海的话，和现在就是两回事。那个时候我就在想到底是选择家庭还是事业呢，后来我选择在香港和家人在一起，现在真的很开心。

楚乔：对。

肥妈：假如她现在只有 22 岁，可以选择事业。但是她今年都多大了。再过 2 年，回来都 37 岁。等拼完事业回来就等着哭吧。

楚乔：所以说工作呢有很多种可能性，但是老公只有一个。光顾着拼事业，没有小孩，将来的矛盾也许会更多，家庭问题会更多。

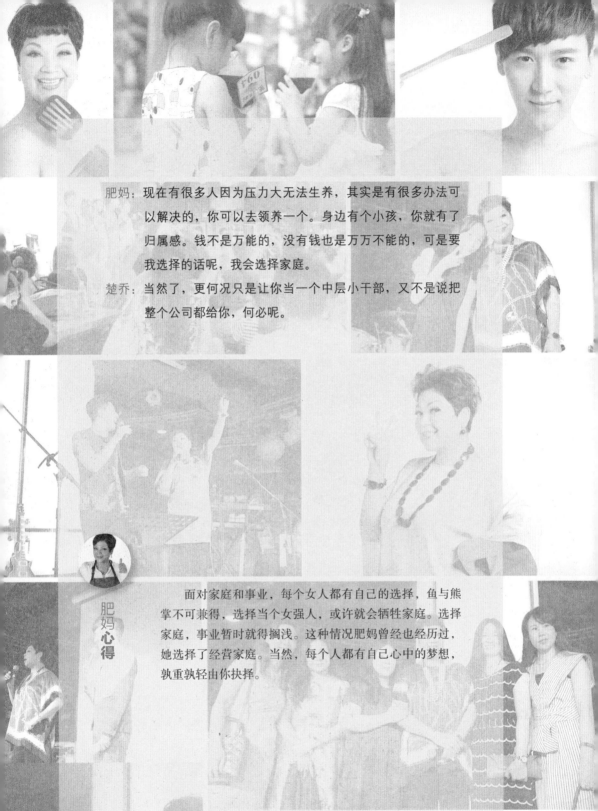

肥妈：现在有很多人因为压力大无法生养，其实是有很多办法可以解决的，你可以去领养一个。身边有个小孩，你就有了归属感。钱不是万能的，没有钱也是万万不能的，可是要我选择的话呢，我会选择家庭。

楚乔：当然了，更何况只是让你当一个中层小干部，又不是说把整个公司都给你，何必呢。

肥妈心得

面对家庭和事业，每个女人都有自己的选择，鱼与熊掌不可兼得，选择当个女强人，或许就会牺牲家庭。选择家庭，事业暂时就得搁浅。这种情况肥妈曾经也经历过，她选择了经营家庭。当然，每个人都有自己心中的梦想，孰重孰轻由你抉择。

43

椒盐鲜鱿

主料

鱿鱼1条

配料

辣椒2个、蒜头3瓣、面粉2碗、鸡蛋清少许、盐少许、胡椒少许

步骤

1. 把鱿鱼切片，做个花刀，加入胡椒、盐和鸡蛋清腌制一下，裹上一层面粉；
2. 锅里放油烧热，把鱿鱼放进去炸至金黄色即可捞起；
3. 锅里留少许油，把辣椒和蒜头剁碎放入油中炒至焦黄，把鱿鱼放回锅里翻炒熟即可。

老公对外人比对家人好

楚乔： 今天是这样的，有一位朋友在微博上想问阿妈，"我先生是个生意人，
经常在外面做生意，人脉广，认很多干儿子、干女儿之类的。他回
家都不怎么顾家，但是一到外面对干儿子、干女儿比对家人还要好。
尤其是很多女生一见面就叫他干爹，听着很不舒服"。

肥妈： 只是她不舒服而已，她老公好舒服。

楚乔： 所以她投诉，"我们是两口子，他们毕竟是外人，你的干女儿比我还
要重要"。

肥妈： 是她小气而已，想多了。她想她老公多陪她，她就要花心思，比如
说他还没回家，女士就可以打个电话说今天我们出去吃饭吧，去哪
里逛街吧，我们去哪里旅行吧。要安排一些节目，别老是待在家里，
否则会变成一个黄脸婆。身为女人，要设计一些浪漫的事情，让对
方感到惊喜，同时他会觉得他对你很重要。每次我老公下班，我都
会讲"辛苦你了，老公"。然后我老公会说："老婆，你不辛苦吗？"

楚乔： 阿妈，你的嘴巴好像抹了蜜糖。

肥妈： 多数人都喜欢听好话嘛。

楚乔： 不是，阿妈，那这位朋友就想问，她老公到底在外面认干儿子、干
女儿是为什么？

肥妈： 我们交际应酬，人家的女儿管我叫个干妈，你说："不要，不要这样
叫我，像见到怪物一样。"你可以这样讲吗？不可能的。有时候，别
人叫我"干妈、肥妈"，我都说，"乖"。过后，他到底叫什么名字我
都不知道。出来打工的人，真的有时候方方面面都要照顾，需要应酬。

肥妈
心得

婚姻中的两个人需要相互理解，平淡的生活中需要给对方一
些刺激和惊喜。

160

44

肉蟹蒸糯米饭

主料

干荷叶2片、糯米半斤、蟹2只

配料

胡椒粉少许、姜丝少许、葱花少许、
香菜末少许、盐少许、料酒少许

步骤

1. 干荷叶用开水泡一下后铺在蒸笼底部；

2. 糯米用温水泡3小时，沥干水分后撒一点盐、胡椒粉、食用油，搅拌
   均匀，平铺在荷叶上；

3. 蟹洗净切块用料酒腌一会儿；

4. 将蟹肉、姜丝放入蒸笼，蒸10分钟后撒上葱花、香菜末；

5. 淋入烧热的油就可以开吃了。

相恋多年，男友还不求婚，怎么办？

楚乔：今天，有个女生写信来说，为什么她的男朋友不求婚？她的男朋友平常跟她说很爱她，很想娶她。但是一直不跟她求婚，她很着急。她每次问他，对方就说你再等一下，我再好好准备。阿妈，她应该怎么办？

肥妈：女生叫他哥们跟他讲。可以跟他哥们说我们都已经几年了，你劝劝他，我们结婚吧。然后让他哥们跟他讲快点结婚。

楚乔：她自己讲没有用，需要旁敲侧击。

肥妈：对。

楚乔：我发现有时候女生好像并没有我们想象中要的那么多，不需要对方买房、买车才会结婚。

肥妈：我有一个干女儿，跟她男朋友交往了十年都没有结婚。我后来跟她男朋友喝茶，她男朋友说他晚上出去跟哥们喝酒很晚回来，她都不骂他。可是他怕结了婚之后，就不一样了。后来我就跟我干女儿讲，他原来是怕这样。后来我干女儿说，你不想结婚那就算了，可是我不会变，随意吧，只要你开心。讲完的第二天，他就求婚了。

楚乔：所以用另外一种方法，你要他旁边的兄弟们跟他们讲，因为女生等不了太久的。

肥妈：当然啦，人家的女儿生来就是等你的吗？等了 10 年，最后你不结婚怎么办？男人过 10 年没怎么样，但女人的 10 年是很宝贵的。所以赶快娶吧！

楚乔：谢谢阿妈！

肥妈**心得**

女人的青春耗不起，也等不起，遇到一个不求婚的男友，你可以通过身边朋友，把他的心结找出来，对症下药才能解决问题。

45

蒜香炸虾球

主料

新鲜虾500克、蒜4瓣、熟蒜4茶匙

配料

黄油少许、盐少许、胡椒粉少许、生粉2汤匙、鸡蛋1个、辣椒2个

步骤

1. 新鲜虾去壳，背部划开，鸡蛋取蛋清，放入虾中搅拌均匀；

2. 撒上盐和胡椒粉调味后，均匀地裹上一层生粉，入油锅炸至金黄色捞出；

3. 蒜、辣椒切末，用一点点黄油爆香，加入熟蒜翻炒均匀；

4. 加入适量胡椒粉和盐调味后，将炸好的虾球入锅烩一下就大功告成了。

肥妈**私房话**

女儿失恋受打击

楚乔：今天有一个妈妈想问阿妈，她说我女儿各方面条件都很好，马上
　　　快 30 岁了，是一个有正规编制的老师，名校毕业，长相也很标
　　　致。但是最近她失恋了，她跟她男朋友谈恋爱谈了 7 年之后分手
　　　了，她在家每天以泪洗面，她妈妈问她为什么好好的就成这样了？
　　　然后这个女孩子就讲，他们之前在一起都很好，可是 7 年后不知
　　　道为什么，两个人就分开了。但是这个男孩子马上另结新欢，这
　　　个女生就问到底为什么？他实话实说了，他觉得她的条件还不错，
　　　但是职业没有特别好，家庭条件也一般，没有办法帮助他今后的
　　　事业。所以，这个女孩子觉得自信心受了很大的打击，每天在家
　　　里以泪洗面。

肥妈：赶紧走吧，7 年了，人家都不跟你结婚，还不走吗？这种男人他
　　　找的不是老婆，而是要找一个来帮他完成事业的人。那种人不是
　　　为了爱情而跟你在一起，他是有自己的目的。这么有心计的男人，
　　　为什么还放不下？

楚乔：这个女孩子就觉得不甘心，我很善良，我哪里比别人弱了？

肥妈：因为善良，所以上天对她好。上天觉得那个男人在往后的日子会
　　　对她不好，所以赶快让他走了。她应该这样想，讨不到她做老婆，
　　　于她是福气，于他是损失。

166

楚乔：我觉得阿妈讲得特别好，这不是你的损失，是老天给你
　　　的礼物。

肥妈：万一你生了孩子，然后他才说那个女人送给我 3 套房子，
　　　那个时候你哭也哭不回来。有时候就是机缘巧合，缘分
　　　这东西你说不来的，说不定你今天在抱头痛哭，明天就
　　　碰到心上人了，对不对？

楚乔：所以不要为了这种男人伤心，你应该赶快行动！

肥妈心得

　　　感情的结束必定会带来一段伤痛，别把自己埋藏在故去的
记忆里，把自己的心打开，尘封得太久会让你变得迟钝。既然已
经过去就是该放手的时候了。何况这种男人爱的并不是你。你应
该在新的生活中锻炼自己，在受伤的同时学会保护自己。既然两
个人的感情破碎了，为什么你自己要躲进伤心和自责中？学会接
受说明你已经学会了自卫，觉得受伤说明你还沉浸在过去的记忆
中——曾经与你山盟海誓的男人，曾经让你别无他求的男人，曾
经让你非他不嫁，今生只爱他一个的男人，但是现在你已经离那
段故事很远很远了。学会放弃，不要逃避。把心放开，接受更美
好的明天。

46

虾蓉豆腐包

主料

油豆腐250克、鲜虾250克、肉馅100克

配料

香菜2棵、葱2棵、胡椒粉少许、麦片半碗、盐少许

步骤

1. 将油豆腐切掉一边，并把油豆腐内外翻过来；

2. 香菜、葱切末，把剁好的虾胶、肉馅加入麦片、香菜末、葱末，放少许盐、胡椒粉拌匀做成馅；

3. 把和好的馅放入油豆腐泡里下油锅炸，等豆腐泡炸成金黄色，即可出锅。

TIPS
烹饪
小贴士

用大火将油烧热，然后调中火即可炸制食品，不易煳。

肥妈**私房话**

"90"后老婆不爱理小孩

楚乔：阿妈，今天有一位老公来投诉自己老婆。是这么一回事，他老婆是"90"后，前不久刚生了孩子，但是她好像只管生不管养。因为本身自己年龄较小，心情好的时候会哄一哄、抱一抱小孩。假如心情不好，那根本就不理。

肥妈：那位老公可以叫他妈妈教她呀，慢慢教。年纪太小，本身自己还是一个孩子，很多事情需要别人来教她，如果她不听妈妈的话，也可以让她自己的妈妈来教。

楚乔：老婆自己都还没长大，干吗那么早要小孩。

肥妈：现在孩子已经生出来，就需要对孩子负责，哪里做得不对，哪里不懂，婆婆、她自己的妈妈都得教她。

楚乔：所以，阿妈那你觉得现在的"90"后，是不是不要太早结婚，生小孩。

肥妈：像我们这代人可以，现在不行。我就是18岁结婚的，我们那个时候十七八岁结婚很正常。

楚乔：对，就像阿妈讲的，老公像在对待小孩一样，耐心一点。

肥妈：除了教她，老公也要陪她出去玩。老公不能总是想，她都已经生孩子，一定要当一个妈妈。一个女人的责任，她可能身体上做到了，心里面还没准备好。

楚乔：完全没有。

肥妈：所以我觉得，老公也培训一下吧！两方面都努力一下。

肥妈**心得**

夫妻相处之道就是要互相包容对方，要有耐心，给予对方正确的引导。通过适当地教育对方，也可以令对方快速成长起来，而不是一味地责备对方。只有长期共同协助，好好劝导，感情才会细水长流。

47

鸳鸯蝴蝶虾

主料

鲜虾500克

配料

鲛鱼200克、鸡蛋2个、面粉1碗、面包糠1碗、香菜2棵、葱1棵、胡椒粉少许、盐少许

步骤

1. 将鲛鱼鱼肉剁成蓉，香菜、葱切末，往鱼肉里面加少许盐、胡椒粉、葱末、香菜末拌匀；
2. 把鲜虾去壳开背，留虾尾，用刀片开；
3. 将制作好的鱼肉裹在虾的两面，均匀拍上面粉，然后裹上蛋液，最后裹上面包糠，依次放入油锅中，中火炸至金黄色即可出锅。

婆婆不爱带孙子

楚乔：今天我们有一位妈妈来投诉，她有一个很奇葩的婆婆，不爱带孙子！

肥妈：不爱带就不爱呗！

楚乔：阿妈觉得没关系？

肥妈：对啊，她已经辛苦了一辈子了，不是非要带孙子吧。

楚乔：但是，她说，我跟我老公，我们俩有了小孩之后，都在深圳打工。工作很忙，压力又大。婆婆她退休了。但我婆婆说，她现在很忙，早上散步、跳舞、健身，下午要美甲，晚上还要去打麻将，她真的没时间帮我带小孩。而且婆婆说了一句很关键的话，她说，想当年你老公生下来的时候，也没有人帮我带，我也要工作，他不是一样长得很好吗？你们小夫妻不要一直依靠我。

肥妈：对啊！

楚乔：你们都不爱带孙子吗？

肥妈：爱带孙子跟不爱带孙子都是一样。每一个人都有自己的生活，这个应该尊重她。这位妈妈可以找一个保姆来帮忙带。

楚乔：在深圳找一个阿姨是很贵的，他们又不是很富裕的家庭。

肥妈：那给婆婆带，就不需要给钱了吗？我要工作不能带孩子，这是什么道理？我以前有6个孩子，照样自己带啊。为什么她一定要求婆婆帮她呢？

楚乔：就是很少见到这样的婆婆。

肥妈：有，一定有！她觉得她辛苦了一辈子，现在好不容易退休了，她也要享受自己的人生。她有什么错呢，怎么可以说婆婆不对呢？每个人都有自己的人生，帮你是人情，不帮也有道理！

楚乔：这一句倒是说得蛮对的，感谢肥妈！

肥妈心得

很多儿媳妇觉得婆婆带孙子天经地义，其实不能用天经地义这个词来形容，应该用"互相帮助"更确切一点。一方面，婆婆年纪大了，要体谅她无论从精神上还是从体力上都不如年轻时那么旺盛，因此自己生的孩子主要还是靠自己来带，这样才能体会做母亲的不易；另一方面，如果婆婆的身体还比较硬朗，还是可以尽量去帮助儿媳妇带孩子。现在的社会，竞争激烈，年轻人的压力比较大，如果家里有人帮着带孩子，就可以安心工作，为自己将来的事业打基础。虽然花钱雇保姆也可以，但总是没有奶奶带更让媳妇放心。当然，婆婆是否愿意带孩子，首先要依照婆婆个人的意愿。如果婆婆愿意，媳妇还要学会感恩，等有一天婆婆躺在床上动不了的时候，要加倍细心地照顾。这样相互帮助，就会增进彼此的感情，让家里的气氛更加和睦。

48

芝士虾

主料

鲜虾1000克

配料

芝士3片、高汤半碗、蒜5瓣、黄油少许、香菜末少许

步骤

1. 大虾清洗干净，蒜切片备用；

2. 用蒜片、一小勺黄油爆香锅底，将大虾放入锅中翻炒至八分熟捞出；

3. 将高汤煮沸，放芝士，把大虾倒入锅中；

4. 加少许蒜片，撒上香菜末即可。

TIPS 烹饪小贴士

待芝士充分融化后再加入大虾，才能让大虾充满芝士的香味。

爸爸再婚，我应不应该支持

楚乔：今天有一位观众说，她妈妈在 3 年前查出了白血病，在这个期间，都
是她跟她爸爸在照顾，但是今年妈妈还是离开了他们。但没过多久，
她爸爸准备再婚了。她觉得妈妈才刚刚离开，爸爸你就要再婚，这样
是不是不太好？爸爸再婚，她也支持，但是可不可以再等一段时间。

肥妈：妈妈都不在了，爸爸当然也要找人来照顾自己。爸爸已经老了，她总
有照顾不周的时候。他当然是爱妈妈的，他们的爱情已经停留在他们
最美好的时光。

楚乔：我问一下现场的观众朋友，你们的观点是什么？

观众：我跟这位小姐的情况类似。我也是单亲家庭，我爸爸明年就退休了，
他跟我后妈要搬过来跟我一起住。我一直在犹豫要不要她一起搬来。
但听了阿妈讲了以后，我觉得我应该成全老人的幸福。

楚乔：是准备让他们从老家来深圳吗？

观众：对。因为我一直不接受我的后妈。

肥妈：其实最主要的是老人开心，他们的日子过一天就少一天。老人晚年其
实是最怕寂寞的，需要有人陪，有人说说心里话。

**肥妈
心得**

老年人的晚年幸福是非常值得我们关注的话题。肥妈认为做子女的应
该多陪伴在老人身边，多跟他们说说话，这个才是他们最想要的。并且成
全老年人的黄昏恋也是一段美事，当你不在他们身边的时候，可以由另外
一个人来照顾他们、陪伴他们，这些是作为子女不能时刻做到的。同时有
一个老伴理解他，老人也不会因此孤独寂寞。

49

芥末酱虾球

主料

虾仁1包

配料

鸡蛋1个、盐少许、生粉半杯、
胡椒粉少许、沙拉酱2茶匙、
芥末膏2茶匙

步骤

1. 用厨房纸把虾的水分吸干；

2. 打一个鸡蛋，把蛋清涂抹在虾的表面；

3. 撒少许盐和胡椒粉；

4. 把虾放入装有生粉的保鲜袋中摇均匀；

5. 将沾好生粉的虾下油锅炸熟；

6. 把沙拉酱和芥末膏搅匀做成酱汁，炸香的虾
   蘸酱汁食用味道更佳。

TIPS
烹饪
小贴士

炸好的虾可再次翻炸，能
让它变得更脆，口感更好。

女儿的好朋友偷钱，我应该拆穿吗？

楚乔：今天有一位妈妈要讲这样一个事，她女儿现在上幼儿园，有一天，她带她的好朋友回家来玩。这位妈妈发现这个女同学偷钱。小孩当然以为她什么都不知道，但她当时看到后心里很矛盾，应不应该当场讲出来。讲吧，怕伤害小孩的自尊心，如果不讲，万一小孩以后养成了更大的毛病，这不是害了她吗？

肥妈：这位妈妈可以先叫女儿回房间，在女儿不在场的情况下立刻拆穿她。然后问她为什么要偷东西，要教育她。现在不教，大了之后就更没法教了。教育完了，再跟她父母讲。

楚乔：哇，那回去之后，她父母一定会严刑暴打。

肥妈：回去之后，她父母怎么教，那也不是你关心的重点。

楚乔：她当时就很犹豫要不要给对方的父母打电话，怕知道了，他们又要打骂小孩，觉得不忍心。

肥妈：每个人的教育方式都不一样，但是如果你不讲的话，你就害了她一辈子。她会以为自己很幸运，这么容易就偷到了。"小来偷针，大来偷金"，就是这么一个道理。

楚乔：但是你讲的时候，也要给小孩留面子，把她单独留在一个空间里面，跟她来聊聊这个事。

肥妈：一定要拆穿她，你为什么要偷东西，要她自己说原因。

楚乔：她可能因为年纪小，也不知道这种行为错在哪里，会带来什么影响。

肥妈：贪心就是贪心，你们就是想多了。为什么现在有那么多小孩不听教呢？就是有你们这些"可能啊"，总是在纠结犹豫，"她做错了，要不要讲"，小孩就是在这个犹豫的过程中慢慢学坏的。你就是要跟她说下次你还这样，我就告诉你的父母，你的老师，你的同学。

楚乔：啊，阿妈你会这样吗？

肥妈：我就做过这样的事。当时我小孩的同学来我家，打开我家柜子，我就站在他旁边，后来我把他关在房间里，把他爸妈叫过来，他就一直在那哭。

楚乔：啊，阿妈，那他一直就在那儿哭吗？

肥妈：哭也不能心软。我们现在慢慢变老了，就要靠下一代，就是要严厉一点把他们教好。现在有些老人溺爱孙子，曾经我在便利店就看见一个小孩偷偷把东西装进口袋，老人看见了，就装作没看见。

楚乔：啊，真的会这样，那老人不管吗？

肥妈：是啊，老人就觉得小孩小嘛，没关系，其实是不行的，真的是"小来偷针，大来偷金"。

肥妈心得

　　当发现孩子有说谎或者偷东西的习惯时，大部分家长都很难做到情绪平静，会认为这是一件非常不光彩的事。但其实孩子本身也许无意说谎或想要去偷东西，人的羞耻心、荣誉感都是受父母和周围环境的影响而形成的。在 4～8 岁这个年龄段，孩子会以自我为中心，价值观不清晰，可能会因为分不清楚拿东西和偷窃的定义，犯下错误，所以家长一定要清楚了解问题所在，和孩子一起面对，而不是盛怒之下武力解决问题。

50

豉油皇虾

主料

虾750克

配料

辣椒1个、葱1棵、姜2片、黄酒1汤匙、酱油2汤匙、糖少许

步骤

1. 先将虾洗好去掉虾线，辣椒去子切碎放在一边备用，在油锅中放入切好的姜片以除腥；

2. 等油烧热后倒入准备好的虾，加少许黄酒用大火爆香；

3. 等虾颜色微微变红的时候，放入酱油、糖反复翻炒，使每只虾都能入味；

4. 放入切好的辣椒、葱段，翻炒1分钟即可。

TIPS 烹饪 小贴士

虾在刚刚开始微红的时候，才能加入调味料翻炒，方便入味。

搬家后，孩子不爱上幼儿园

楚乔：阿妈，今天有这么一件事，有个小孩的父母想给他转一所新
　　　的幼儿园，他不肯去，但是父母硬把他拉过去。到幼儿园后，
　　　他故意与其他小朋友打架。老师让他上课不要动，他偏动。
　　　让他不要出声，他偏要出声。最后，老师没办法了，问他，
　　　你为什么要这样？他说，我不想来的，但我实在想不到其他
　　　办法来反抗了。这个小孩的父母现在特别头疼，阿妈，你教
　　　教他们如何让孩子爱上现在的幼儿园？

肥妈：很简单。吃完晚饭后，大人带着小孩去公园跑步，体力消耗大，
　　　他晚上就会睡得好，这样，白天也会乖一些。光叫他上课不
　　　要动，那样是不行的，大人可以让老师多关心他一点，比如
　　　说坐在老师旁边，分派他一些任务，让他帮忙。这样他会觉得，
　　　老师只注意我一个人。有些孩子为了引起父母与老师的注意，
　　　通常会做一些怪异的举动。

楚乔：对，他就会乖。小孩子本身是相当有活力的，你不能压抑他，
　　　你要让他释放出来。而且阿妈，他们家还有一个问题，他们
　　　前不久刚搬家，现在这个新的幼儿园，孩子根本还没适应。

肥妈：首先呢，家长要陪他去上学，陪一两天。家长跟老师，也要
　　　多交流。

楚乔：其实这个小孩不想来这个幼儿园的原因是，没搬家之前的幼
　　　儿园又大又漂亮，而现在这个幼儿园又小又不漂亮。

肥妈：真的，你们以为小孩小没有自主权，其实不是这样的，搬家前家长一定要跟他商量，要讲明白为什么我们要搬家。因为爸爸工作的地方离现在住的地方太远，不然的话，爸爸晚上就不能回来睡觉，妈妈也不能陪你。要坦白跟他讲，你要牺牲一些东西，才能得到其他的东西。

楚乔：其实小孩也会在意家里发生了什么，他也会有主人公的精神。

肥妈心得

只有被人尊重，孩子才可能获得自尊，并可能学会尊重别人，而自尊和尊重他人是成为一个具有健康人格的人的首要条件。由于孩子还不成熟，自尊意识往往处于嫩芽状态，特别容易受到伤害，一旦他们的自尊受到伤害，他们便会用诸多的"不听话"来进行对抗，所以，父母应当具有保护孩子的权利意识，给孩子足够的尊重，可以说，是否尊重孩子，将对孩子一生的发展起重要作用。

51

白汁青口

主料

青口500克

配料

干葱头3粒、盐少许、胡椒粉少许、蒜头2粒、葱1把、香菜1棵、黄油1茶匙、牛奶半杯、芝士少许、面粉少许、高汤1碗、白酒少许、橄榄油少许

步骤

1. 锅里放入油，爆香干葱头，加入少许盐和胡椒粉调味；

2. 将青口肉朝下煎一会儿、将蒜头切碎放入锅中爆香，翻炒均匀后出锅；

3. 再在锅里放少许橄榄油，将一小块黄油熔化，加入两勺面粉，搅拌均匀后加入牛奶煮开；

4. 葱、香菜切末，锅中加入少许盐、胡椒、高汤调味，将青口倒入锅中，加入些许白酒翻炒均匀，撒上芝士、葱末和香菜末就可以出锅了。

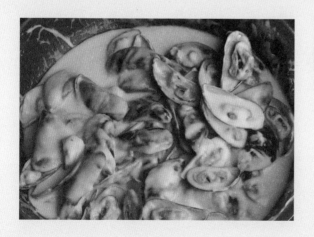

TIPS
烹饪
小贴士

最后翻炒时可千万别忘了加白酒，白酒不仅能够去除青口的腥味，还能中和白汁的甜腻味。

婆婆陆续赶走8个保姆，我该怎么办？

楚乔：今天有一个媳妇跟我们抱怨，她之前看过一部很精彩的电视剧叫《田教授家的二十八个保姆》，剧情大致就是一个老教授他家里一共请了28个保姆，特别夸张。但她们家还没有那么夸张，但她婆婆前前后后也辞退了8个保姆，她请一个，婆婆辞退一个。她是一家外企的高管，工作很忙，每次请一个她都要培训，刚培训完上岗，婆婆就说，做饭不好吃，衣服洗不干净啊，反正每次都会找各种理由。对此，她十分头痛，也想问问阿妈，该怎么办？

肥妈：叫她婆婆自己请，我妈以前也这样。

楚乔：那有什么差别呢？

肥妈：当然有差别。我请的跟你请的不一样，你看，我请来的多会做工啊。

楚乔：哦，谁请的所以说是谁的功劳，对不对？

肥妈：对！我妈跟她的婆婆就特别像。因为是我妈请的保姆，所以我妈叫她做什么，保姆就听她的。反之亦然，你请的人自然听你的安排。我妈就说，你看，我把保姆培训得多好。

楚乔：那重点是钱谁付？

肥妈：我付啊。她训练，保姆就听她的。如果是你请来的，保姆都会说，我先问太太。

楚乔：对对对，因为是你给保姆发工资，所以这样婆婆没有成就感，是不是？

肥妈：你只是换了 8 个，你都不知道我换了多少个？

楚乔：多少个？

肥妈：换了 10 个，我才知道要我妈请。要买什么，都会让保姆去问我妈。但私下保姆再和我商量，该买的，我自己再偷偷买，只是不告诉我妈，让她觉得什么都听她的，她很有地位。我妈喜欢吃花生油，可是花生油吃多了对老人的身体不好，所以我私底下就买了玉米油，用吃完的花生油瓶子灌玉米油。

楚乔：哈哈，那就是善意的谎言。所以这个方法，我觉得这个媳妇可以试一下，让婆婆觉得很有地位。

肥妈：你知道在我家谁管钱吗？

楚乔：谁？

肥妈：我婆婆。她说买什么就买什么，她有了发言权就会开心。婆婆来帮你培训保姆，帮你管理这个家，你也会轻松很多。

肥妈心得

老人退休在家，与保姆相处的时间最多。正因为相处时间多，细心的老人对保姆的工作就看得更加清楚，再加上习惯不同，也容易与保姆起摩擦。大多数老人对于家里保姆的看法，一是他们不想白白浪费钱，钱一定要用到刀刃上；二是他们觉得在保姆面前要有威信。作为儿女，要理解老人的这种心态，同时也要与保姆沟通好，让双方能相互尊重、愉快相处。

52

腐皮鲜虾卷

主料

腐皮2张、鲜虾500克

配料

香葱1棵、香菜1棵、鸡蛋1个、生粉少
许、盐少许、胡椒粉少许

步骤

1. 把虾用盐、胡椒粉、生粉腌一下，和切好的香葱、香菜、打好的蛋清一起放入
   搅拌机打成虾馅；
2. 腐皮用湿布盖软，剪成手掌大小的方块；
3. 把虾馅用腐皮包好，卷成春卷大小并用蛋清封口，放入锅中炸熟即可。

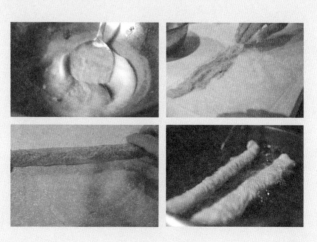

虾馅打好后一定要尝尝味道，以免过咸或过淡。如果家里没有腐皮的话可以用春卷皮、馄饨皮代替，炸出来味道一样好吃。

肥妈**私房话**

孩子是婚姻里的第三者吗？

楚乔：今天，有个妈妈打电话过来说，他们结婚两年，二人世界过得很开心。后来，孩子出生了，她老公不带小孩，还是像以前一样在外面玩。她心里就不舒服了，凭什么要我一个人带孩子，她也要工作。她感觉自己像一个黄脸婆，每天就是工作、带孩子，自己的空间都没有了。但她老公说他已经在尽力养家了，要她稍微多照顾一下。两个人就为了带小孩的事吵架，她觉得小孩就像是第三者，严重影响了两人的感情生活。

肥妈：是她自私而已。身为母亲，怎么还会去斤斤计较付出与收获成不成正比，做母亲就是要享受小孩一步步走路、说话的这个过程。

楚乔：我周围确实有阿妈说的这种母亲，无私伟大。但是也有爸爸抱怨，有了小孩后妻子就冷落他了，把所有爱都给了孩子。

肥妈：那不行，儿女要给，老公也要给，少了谁都不行。

楚乔：阿妈，你在古代一定是皇后。

肥妈：我在家里就是皇太后了。

楚乔：皇太后吉祥。

192

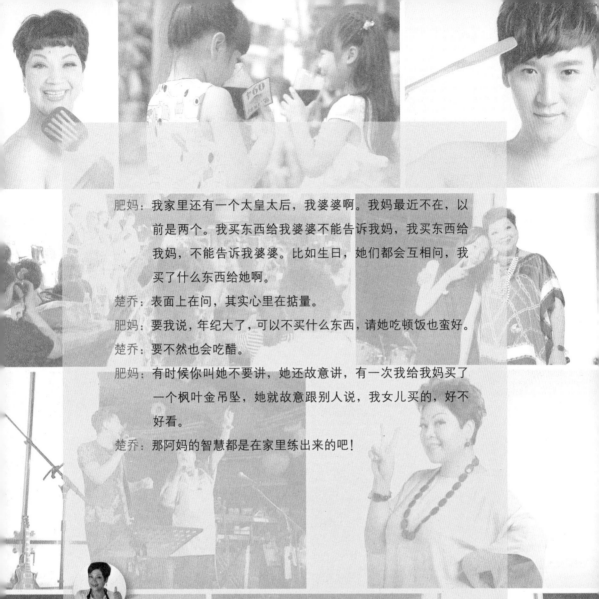

肥妈：我家里还有一个太皇太后，我婆婆啊。我妈最近不在，以前是两个。我买东西给我婆婆不能告诉我妈，我买东西给我妈，不能告诉我婆婆。比如生日，她们都会互相问，我买了什么东西给她啊。

楚乔：表面上在问，其实心里在掂量。

肥妈：要我说，年纪大了，可以不买什么东西，请她吃顿饭也蛮好。

楚乔：要不然也会吃醋。

肥妈：有时候你叫她不要讲，她还故意讲，有一次我给我妈买了一个枫叶金吊坠，她就故意跟别人说，我女儿买的，好不好看。

楚乔：那阿妈的智慧都是在家里练出来的吧！

肥妈心得

　　养儿方知做母亲的辛苦，有了小孩你要放弃很多，也要承担很多，家庭工作两头都要照顾好，所以说女人是伟大的。身为母亲，你需要付出和等待，不要计较太多，尽情享受小孩从咿呀学语到慢慢走路的幸福过程吧。

53

椒盐九肚鱼

主料

九肚鱼500克

配料

面粉半碗、生粉半碗、五香粉1茶匙、
胡椒粉少许、盐少许、鸡蛋清少许、
料酒1茶匙、生姜2片、蒜3瓣、红辣椒1个

步骤

1. 九肚鱼用盐、五香粉、料酒、生姜腌制后，裹上一层鸡蛋清并沥干水分；

2. 将腌制好的九肚鱼放入装有面粉、生粉的保鲜袋中摇均匀；

3. 油锅烧热，九肚鱼下油锅炸至金黄捞出再复炸一遍；

4. 蒜剁蓉，红辣椒切碎，锅内放入少量油，爆香蒜蓉、红辣椒粒，加适量胡椒
   粉、盐调味后，将刚炸好的九肚鱼回锅翻炒一会儿就可出锅。

TIPS
烹饪
小贴士

在保鲜袋里放入面粉和生粉给九肚鱼上粉，既
方便，又不弄脏手。要想九肚鱼的表面金黄酥脆，
一定要入锅再复炸一次。

肥妈**私房话**

爸爸，你再不陪我，我就要长大了

楚乔：阿妈，今天有一位太太写信来投诉她老公。

肥妈：好像大多数时候都是太太投诉老公。

楚乔：对哦。这位太太有一个小女儿，叫小雪，今年4岁了。她老公在一家房地产公司任销售经理，下了班之后也要去应酬，吃饭，答谢客户之类的，比较忙，所以他陪小孩的机会就比较少。孩子基本上都是妈妈在带，可是有一天，妈妈晚上陪她睡觉的时候，小孩子突然问她，妈妈，为什么爸爸从来都不陪我读书，也不陪我看动画片，不陪我吃饭。妈妈，我觉得爸爸再不陪我的话，我就要长大了。她妈妈当时听到这句话，非常惊讶，觉得4岁的小孩怎么会讲这种话，感觉小孩在默默地投诉。孩子也没有哭，也没有闹，所以当妈的心里很难受。后来她跟老公讲，她老公就说，不是我不爱孩子，但是我的工作真的很忙，我也要努力赚钱养家。但是他也属于那种缺少耐心的人，比如和小孩一起看动画片都会看睡着。所以她问阿妈现在该怎么给小孩交代呢？

肥妈：这位太太可以带女儿去她爸爸工作的地方，并解释给她听，这个世界上有很多人要买房子，爸爸每天要带别人去看那个家，要来回走许多路，十分辛苦，所以并不是爸爸不爱她，只是他真的很累。妈妈带她去爸爸工作的地方，让她自己亲身体会，光讲是没有用的。

楚乔：就是让小孩知道，爸爸每天回来很累，也很辛苦，对不对？

肥妈：对，就这样讲。但作为爸爸，再怎么忙，每天都需要挪出半小时或者15分钟的亲子时间，不一定是陪着看卡通片，可以在一起做个小手工之类的游戏。总之，亲子间互动是一定要有的。

楚乔：没错，错过孩子的成长过程，以后也补不回来了，所以爸妈再忙也要抽出时间来陪小孩啦。

肥妈心得

　　每个孩子的童年，都少不了父母的参与和关爱。孩子的成长，需要家长多花时间去陪伴。如果你是忙碌的上班族，那就不妨在一些细节上关注孩子，与他一起互动玩耍，可以偶尔一起做个小游戏，一起参与课外活动，或者一起学个小烹饪等等。多夸赞孩子，让他知道，尽管爸妈不能常陪你，但仍然很爱你。

54

黄花鱼煮萝卜

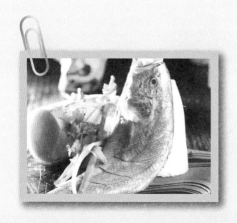

主料

黄花鱼1条

配料

生姜4片、红葱头3个、芹菜2棵、
红辣椒2个、半个白萝卜、糖少许、
盐少许、高汤半碗、麻油少许

步骤

1. 用盐将黄花鱼整身抹匀，腌制5分钟；

2. 再把生姜、红葱头、红辣椒切块，芹菜切段，白萝卜切丝备用；

3. 把腌制好的黄花鱼下锅煎香至金黄色，盛出备用；

4. 将生姜、红葱头下锅爆香，倒入萝卜丝，加糖、盐调味，然后倒入
   高汤焖煮；

5. 再把芹菜、红辣椒一起倒入锅中，加少许水翻炒一会儿；

6. 最后再把鱼倒入锅中焖煮5~10分钟，再加些许麻油即可出锅。

煮萝卜时加少许糖，萝卜的腥味会被去除，会更好吃。

肥妈**私房话**

婆婆担心孙子受欺负跟去幼儿园

楚乔：今天有一个媳妇说，她婆婆之前看过很多电视新闻，新闻里经常会报道很多小孩上幼儿园会遇到很多问题，譬如坐校车不安全，老师偷偷骂小孩，有的甚至打小孩，小孩在幼儿园里被别的小孩欺负。所以这个婆婆想，既然这么不放心，你们年轻人上班，我去幼儿园，那我就在里面待着，或者我在里面打一份工，我要看着我的孙子。但是她强烈反对，说你看阿妈都讲了让小孩打架也是一门学问，要让他自己成长，总跟着他是不行的。就是为了这个问题，婆媳之间经常意见不合。

肥妈：我觉得小孩在学校如何跟其他人相处，这其实是他独立的一个机会，假如现在这样帮他，长大之后，他在交际方面就会有所欠缺。

楚乔：但是这个婆婆会说，我孙子刚离家上幼儿园，才3岁，我真的不放心他。

肥妈：谁的孩子不是3岁呢？我的孙子2岁就上了。

楚乔：我觉得是她婆婆看太多电视的缘故，怕坐车出问题，过马路出问题……

肥妈：上下学接送是应该的，但是没必要在学校里还跟他在一起。你时刻跟着小孩对他的成长也不太有利。这时候她就应该叫老公对他妈妈说，你看我生的是一个男孩子，我希望我的这个小男子汉，从小就能自立、自律，我不想让他变成温室的花朵。刚开始上学的时候，担心小孩是应该的，可以先陪着一起上下学，可是陪伴一段时间后，就要试着放手。

楚乔：所以我们就可以跟这个婆婆说，你们家的孙子，将来要成为男子汉，成为顶梁柱的，所以您要适当地学会放手！

肥妈心得

为了绝对安全，父母不让孩子走出家门，也不许他和别的小朋友玩。更有甚者，有的孩子成了"小尾巴"，时刻不能离开父母或老人一步，搂抱着睡，偎依着坐，驮在背上走，真是"含在嘴里怕融化，吐出来怕飞走"。这样的孩子会变得胆小无能、丧失自信。其实，这就是我们常说的溺爱、娇惯。本来"初生牛犊不怕虎"，孩子不怕水，不怕黑，不怕摔跤，不怕病痛。摔跤以后往往自己不声不响爬起来继续玩。后来为什么有的孩子胆小爱哭了呢？那往往是家长的溺爱造成的，孩子有病痛时表现惊慌失措。娇惯的最终结果是孩子不让父母离开一步。孩子是父母的希望，家长对孩子悉心培育、满怀期待是无可厚非的，但千万要把握好"度"。适当的放手，会对孩子的成长更有帮助！

55

榄菜龙利鱼煎豆腐

主料

龙利鱼1条、豆腐300克

配料

葱1棵、辣椒2个、榄菜2汤匙、生粉1
汤匙、糖少许、盐少许、麻油少许、
高汤半碗

步骤

1. 将豆腐切成条状，将龙利鱼和豆腐
   均匀拍上生粉，并撒上少许盐，分
   别入锅煎至金黄色盛出；

2. 葱切段，辣椒切条，在锅中放油爆
   葱段、辣椒条，加入榄菜，然后用
   高汤、生粉、麻油调汁倒入锅中，
   加适量的糖翻炒；

3. 将豆腐和龙利鱼一起入锅翻炒几下
   就可以美味出炉了。

TIPS
烹饪
小贴士

在做这道榄菜龙利鱼煎豆腐的时候，加少许的糖调味，会让味道变得更加鲜甜。

婆婆催生小孩，有错吗？

楚乔：今天有位妻子说，结完婚不到一个月，她婆婆每天都催着她生小孩！

肥妈：必然的。

楚乔：但是重点是她婆婆不会帮她带孩子。她婆婆有自己的圈子，身体也不太好，还要跟朋友一起旅游。她跟她婆婆和老公讲，她现在在上班，如果怀孕的话，工作肯定要暂时先放下了，她还不想那么快放弃事业，她想再干几年再生，能不能再给她一点时间，毕竟才结婚一个月。阿妈，你觉得这样对吗？

肥妈：她讲她的，你做你的。

楚乔：但每天这样念叨，催得她头很晕！

肥妈：其实说实话，我理解老人家的心态，传宗接代嘛。

楚乔：她婆婆催得这样急迫，给她的感觉就像是一个生孩子的机器。她说女人除了生孩子，还有工作圈、生活圈。

肥妈：你们想多了，不要将别人不开心的话记在心里。

楚乔：你看好歹她也是嫁到他们家的媳妇，感觉她婆婆都没有设身处地为她着想，就一味地只要孙子，每天这样催。

肥妈：那你有没有设身处地为她想过？她嘴上说不帮你带孩子，但是你不是还没生吗？开心一点，不要计较老人家讲太多。工作永远是做不完的，你看我有 6 个孩子不是一样工作吗？有时候老人就像小孩，想讲什么就讲什么。也有可能你平常都没有跟她谈心。

肥妈**心得**

　　家里的长辈都是过来人，经验告诉他们什么才是最好的，他们也是为你们子女着想。所谓"家有一老如有一宝"，有时候他们说的话并不一定经过思考。作为子女、女婿、儿媳妇，有时候不必太把他们的话放在心上，同时要好好和长辈多聊天，好好沟通各自的想法，互相理解，互相尊重。

56

香煎草果三文鱼

主料

三文鱼300克、青苹果1个

配料

柠檬半个、酱油2汤匙、葱头2粒、蜂蜜少许、香草少许、黑胡椒粉少许、盐少许

步骤

1. 肥美的三文鱼切成厚片，用黑胡椒粉、盐稍加腌制，入锅微煎；

2. 青苹果、葱头切成小粒，用蜂蜜、酱油、柠檬汁、香草、黑胡椒粉调味后拌匀；

3. 煎熟的三文鱼搭配上清爽的青苹果酱料一起食用。

只怪自己长得太美

楚乔：阿妈，今天跟你说的这个话题我觉得很奇妙。有一个女孩子在我
　　　们官方微博上留言，要我一定问阿妈，你年轻的时候，是不是很
　　　多人都叫你大美人？

肥妈：唉，我年轻的时候啊，走过每一条街都有人吹口哨，哈哈。她干
　　　吗这样问？

楚乔：重点是今天问你的这个女孩子，她也是个大美人。她说，我真的
　　　长得还蛮漂亮，年轻、皮肤好、身材好，总之就是非常漂亮啦！
　　　但是正因为她漂亮，徒增了许多烦恼。因为美貌，吸引了很多男
　　　士的眼光，有许多男人追求她。但她总觉得他们是爱她的外表，
　　　不是出于真心。她自己也喜欢类似于琼瑶式的纯美爱情，崇尚柏
　　　拉图式的爱情。所以她非常讨厌现在这个状态。

肥妈：这我还真是第一次听说头疼自己貌美的。

楚乔：她真的很烦恼。

肥妈：她的心态不对，自己身材好，长得漂亮，本身就是一种资本，为
　　　什么不让人看呢？难道要像沙特阿拉伯的女人一样，全身盖得严
　　　严实实，让别人看不到。

楚乔：哈哈，只露眼睛的那种。

肥妈：别人对你的第一印象，肯定是从外貌开始，喜欢才会进一步接触，
　　　对不对？你现在觉得别人的眼光不怀好意，那就是你自身的心态
　　　不对。人们的目光总是追寻美的事物。你看你外表美，心里怎么
　　　一点都不美呢？

楚乔：阿妈，现在是这些人不光看了，也有人来追她，讨她欢心。她就觉得这些人不是冲她个人魅力来的，只是光看身材、脸蛋。所以，阿妈，那你觉得像外形这么出挑的女性，面对这种情况应该怎么办？跟追求她的男人都做朋友吗？

肥妈：做朋友很好啊！如果她一个都不做朋友，不试着接触，她就感觉不到谁是真的喜欢她啊？

楚乔：所以她就是防御心太强，对不对？

肥妈：对。如果她觉得身材太好了，平常着装就穿端庄大方一些的衣服，不要穿那些过于暴露的。

楚乔：所以，你也不要抱怨自己怎么还没有谈恋爱。喜欢琼瑶式的爱情，那你要先跟人家做朋友嘛。

肥妈：先改变自己的心态，内心美丽了，真爱自然就来了。

肥妈心得

女人最重要的并不是长得怎样，而是应该自信，但绝不是因为自己长相漂亮就盲目自信。男人喜欢看美女很正常，但是不是所有男人都喜欢徒有外表的美女，心灵美更重要。如果总是以抗拒的心态对待你身边的所有男人，那么就要检讨自己，是不是过于自信而忘了充实自己内心了。

57

三色椒鱼柳卷

主料

鱼柳1条

配料

蚝油2汤匙、麻油1汤匙、七味粉少
许、胡椒粉少许、三色椒各半个、
盐少许

步骤

1. 鱼柳切成薄片，用盐、胡椒粉、七味粉抹匀；

2. 用鱼柳包裹切好的三色椒；

3. 将蚝油、水、麻油调成酱汁放在一边备用；

4. 在锅中倒入少量油烧热，放入鱼柳卷；

5. 煎熟后倒入事先准备好的酱汁。

如何改掉孩子的坏习惯

楚乔：有一位观众想问一下阿妈，她儿子特别喜欢啃指甲，他的指甲
　　　好像都不用剪，都是被他咬掉了。

肥妈：几岁了？

楚乔：4岁了。阿妈有什么绝招吗？

肥妈：我的办法很厉害，就是不知道你舍不舍得了，涂辣椒。

楚乔：阿妈，这太残忍了吧，小孩会怕辣呢。

肥妈：虽然看起来残忍，但是辣了3次，他就不咬了。只要你啃，我就涂。

楚乔：他不会辣得难受吗？

肥妈：但啃的话会更痛。而且你啃手指，很容易将细菌吃下去。

楚乔：我记得小时候，我妹妹也有一个特别不好的习惯。当时她大概
　　　四岁吧，习惯被抱着，妈妈就说，你下地去走走怎么样？她不干，
　　　非要妈妈抱着，不抱她就一直哭。小时候为这个事，她没少挨打。

肥妈：我也有办法，我有个孙女也是这样，一定要妈妈抱。我不准，
　　　后来哭了好几回也就训练过来了。小孩子哭一会儿没事的，会
　　　增大肺活量。你看我唱歌、讲话，肺活量多好。

楚乔：阿妈就是小的时候哭得多，看来哭也是有好处的。

肥妈：小孩子哭一哭，不要觉得特别心疼。如果因为你的心软，纵容
　　　了他的坏习惯，长大后就很难改过来了。

楚乔：阿妈说得对。

肥妈心得

　　啃指甲是一种非常不卫生的习惯，而且还可能引发各种炎症。有的孩子可能因为父母无休止的指责和打骂而产生逆反情绪，养成难以改掉的坏习惯。肥妈建议用不伤害孩子，但又让孩子体验到痛苦的方法，而不是一味责备打骂，另外要多转移孩子注意力，慢慢将孩子的坏习惯自然戒掉。

58

盐焗乌头鱼

主料

乌头鱼1条

配料

五香粉2汤匙、盐适量、蒜3瓣、姜5片、
葱2根

步骤

1. 用厨房纸将乌头鱼擦干，放到盘子里，撒上盐和五香粉腌制一会儿；

2. 将乌头鱼放到光波炉（焗炉）里面烤热，当鱼皮烤得脆脆的时候，即可出炉；

3. 将葱切末，蒜切片，和姜片一起爆香淋在乌头鱼上即可。

老公同时在给我和另外一个人送花吗？

楚乔：今天呢，有一位观众朋友说，她在情人节，遇到了一点点事。她老公给她送了 33 朵玫瑰花，花语就是我对你的爱情有三生三世。她非常开心。但第二天，她无意中在老公的车上发现了另一张订单，也是在情人节当天，送给另外一个女孩子 55 朵玫瑰花。但她老公丝毫都没有提起过，她本来想打电话给那个女孩子，问她是谁，为什么我老公要送你花？后来冷静下来后，她想着是不是应该先问她老公，这到底是怎么回事，会不会是误会？所以，她现在特别困惑，是应该先打电话给那个女孩子，还是询问她老公，为什么要送别人花？

肥妈：她问我干吗？直接问老公，在你车上的那个单据是不是你的？

楚乔：对，先问是不是他的，有可能不是他的。

肥妈：可能他说，不是我的。这时，你可以告诉你老公，我相信你。

楚乔：对。

肥妈：但如果你一开口就破口大骂，质问他是买给谁的？如果是误会，会影响你们双方的感情，很可能到最后两败俱伤。

楚乔：阿妈，你这个做法很聪明。先问是不是他的？

肥妈：而且重点是他说不是就不是，你相信他。可能真的是他拿花的时候，别人买花的单子夹在他那个花里面呢。

楚乔：对，很有可能。

肥妈：你问他，那张单据是不是你的，问一句就够了，这是聪明女人的做法，一味地争吵是没有用的。

肥妈**心得**

　　夫妻的相处之道，首先是建立在信任的基础上，总得信任对方能够给自己带来一生的幸福，倘若丧失了彼此间的信任感，怀疑、猜测就成了生活的全部，那幸福肯定会越来越远。

59

酸菜鱼头

主料

鱼头1个、酸菜2棵

配料

姜6片、蒜4瓣、辣椒2个、料酒少许、胡椒粉少许、盐少许、酱油3汤匙、葱2棵、香菜2棵、鸡粉少许

步骤

1. 先把酸菜、姜、蒜、辣椒放入搅拌机打碎，加料酒、胡椒粉、盐拌匀做成酱汁，均匀涂抹在鱼头表面，开大火蒸10分钟，盛盘；
2. 将葱切末、香菜切末，撒到鱼头上，倒入用酱油、鸡粉调成的酱汁，淋上热油，美味的酸菜鱼头就出锅了。

肥妈**私房话**

大龄青年相亲无感觉，急于结婚

楚乔：有一个男生在微博上问阿妈，他现在已经三十好几了，还没有结婚。
　　　他本人并不着急，但他爸妈特别着急。所以呢，前段时间回家后，
　　　他爸妈给他安排了相亲。相亲的女孩子各方面条件都非常不错，
　　　但是，他就是没有那种怦然心动的感觉。回深圳后，这个女孩子
　　　还主动联系他，对他很好，他就很困惑，到底要不要跟她结婚呢？

肥妈：没有感觉就不要跟人家结婚，不然会害人家一辈子。

楚乔：如果结婚在一起，他们也能生活得很好。但他心里就是过不去这
　　　一关。

肥妈：不是过不去，是男孩根本不喜欢她，那讨她做老婆，还有什么意义？

楚乔：但是他爸妈催得紧。

肥妈：但不能因为父母催得紧就草草结婚。如果不喜欢千万别勉强，那
　　　样只会害了那个女孩子。

楚乔：所以，阿妈你觉得婚姻里一定要有一段非常牢固的爱情才可以？

肥妈：没有爱情，婚姻就不成立。假如他自己不喜欢，仅仅因为父母催
　　　得紧，逼他讨了老婆的话呢，他痛苦，那个女孩子也痛苦。所以
　　　婚姻是急不得的，找到适当的人再结婚比较好。

肥妈**心得**

　　　爱情是勉强不来的，很多大龄剩男剩女为了应付催婚的父母，
草草相亲、结婚，这是对自己、对他人、对父母及家庭都极其不负
责的做法。幸福的婚姻需要有一定的感情基础，万万不可为了结婚
而结婚。

60

豉椒蛏子

主料

蛏子750克

配料

生姜2片、蒜2瓣、辣椒1个、葱1棵、
豆豉2汤匙、白糖少许、胡椒粉少许、
黄酒少许

步骤

1. 将蛏子焯水，洗净备用；
2. 爆香姜片、蒜头、豆豉，加入少许白糖提味；
3. 将焯过水的蛏子放入锅中迅速翻炒，加入切好的辣椒块和葱段调味；
4. 加入少许胡椒粉、一瓶盖黄酒，翻炒均匀即可出锅。

TIPS
烹饪
小贴士

　　蛏子焯水时的水温最好控制在60℃左右，
避免蛏肉过老。

孩子6岁了，才发现我是一个不称职的爸爸

楚乔：收看我们电视节目的大部分人都是女士，不仅可以学做菜，还可以学着做一个好妈妈。但是，今天有一位男士，他想问一下阿妈，怎么做一个称职的父亲。因为呢，他跟他老婆已经离婚了，经法院裁决，孩子周一到周五跟妈妈过，周末呢，去他这里。他女儿今年6岁了，直到现在他才突然发现：他不会给小孩绑头发；不会给小孩穿衣服；做好的饭菜，小孩也都不爱吃；给小女孩洗澡，他也不会。所以他说，阿妈，我现在才知道我欠了孩子这么多，从来没为她做过什么。他想现在恶补一下，做一个称职的爸爸。

肥妈：6岁大的女孩，爸爸就不应该给她洗澡。应该开始教她如何自己洗，如果她做得好，就需要奖励她。爸爸做的饭菜，她不想吃，那就问她想吃什么，也可以陪她出去吃。总之，要教她如何成长，有心事要跟爸爸妈妈分享。虽然父母离婚了，但是爸爸妈妈依然爱她，对她的爱是永远不会变的。

楚乔：父母对孩子的爱永远不会变。

肥妈：平时，父母可以跟孩子多谈心，了解他们功课上有没有困难，跟同学相处得好不好，最好的朋友是谁。在谈心的过程中，亲子是以朋友的身份对等来交流，这样，孩子也愿意跟父母分享成长过程中的难题和心事。

楚乔：而且我觉得，无论是男孩、女孩，在成长的过程中，除了母爱，父爱也相当重要。

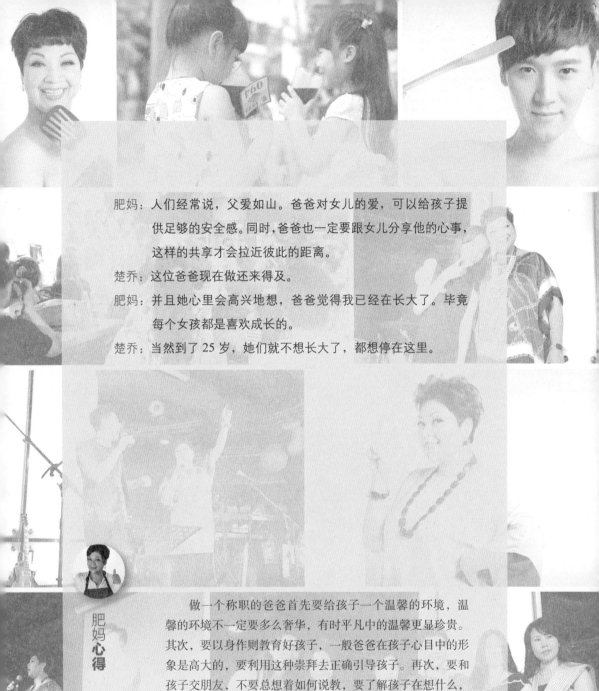

肥妈：人们经常说，父爱如山。爸爸对女儿的爱，可以给孩子提供足够的安全感。同时，爸爸也一定要跟女儿分享他的心事，这样的共享才会拉近彼此的距离。

楚乔：这位爸爸现在做还来得及。

肥妈：并且她心里会高兴地想，爸爸觉得我已经在长大了。毕竟每个女孩都是喜欢成长的。

楚乔：当然到了 25 岁，她们就不想长大了，都想停在这里。

肥妈
心得

做一个称职的爸爸首先要给孩子一个温馨的环境，温馨的环境不一定要多么奢华，有时平凡中的温馨更显珍贵。其次，要以身作则教育好孩子，一般爸爸在孩子心目中的形象是高大的，要利用这种崇拜去正确引导孩子。再次，要和孩子交朋友，不要总想着如何说教，要了解孩子在想什么，只有知道孩子的想法，才能有针对性地教育和引导。

61

椰青海鲜煲

主料

椰青1个、龙利鱼1条、鱿鱼1条、虾仁250克

配料

香茅2根、柠檬叶3片、香菜2棵、鱼露2汤匙、高汤1碗、葱1棵、姜3片、蒜2瓣、辣椒1根、青柠汁少许

步骤

1. 葱切段，蒜切片，爆香葱、姜、蒜，加入切碎的香茅和柠檬叶；

2. 放少许水、高汤，椰青取汁加入汤中，再往汤中片几块嫩椰肉，滴几滴鱼露，加上辣椒和些许青柠汁煮开；

3. 将龙利鱼、鱿鱼切小块，和虾仁一起入炒锅，香菜切末后撒入锅中煮3分钟即可。

肥妈**私房话**

外婆带孩子越来越不耐烦

楚乔：阿妈，有一位妈妈说，他们家为带小孩发生了矛盾。一般我们都会说隔辈亲，爷爷奶奶、外公外婆跟小孩会特别亲。但是他们家不是这样的。外婆跟外孙之间出现了一些问题。孩子很小时，就请了外婆来带，但是最近，她发现外婆对小孩越来越不耐烦，比如喂东西，她就很没耐心，跟原来有很大的反差。有时候还会说，你要是觉得我带得不好，可以让孩子的爷爷奶奶来带，我已经尽力了。别人家的小孩，都是外公外婆、爷爷奶奶抢着带，但是你看她们家外婆怎么会这样不耐烦呢？按理说这个年纪，更年期已经过了。

肥妈：更年期不止一次的。

楚乔：还有几次？

肥妈：女人的更年期不是一次的。外婆带孩子特别辛苦，特别是时间还这么长。女儿可以跟妈妈坐下来好好聊聊天，了解她内心真实的想法。可能你们觉得老人帮忙带小孩是天经地义的，其实这是没道理的。妈妈帮女儿，只是因为心疼女儿，但是女儿们不能形成依赖。还有可能，外面有人跟你说，你真享福，有你妈妈帮忙带孩子。你可能客气地回答，其实我妈也不太会带。如果这话传到你妈妈耳里，你想解释都解释不清啦。

楚乔：都是一家人，何必计较这些问题呢?

肥妈：老人家心里会想，我免费帮你带，你却在外面说我，心里面当然会不舒服。说者无意，但听者有心。女儿跟妈妈先好好地谈，找出主因。当然，妈妈可能也会有抱怨，爷爷奶奶一天都没有带，每一天都是我，我没有功劳也有苦劳，对不对?

楚乔：对，她心里可能会这么想。

肥妈：女儿要理解妈妈。找出原因后，你们夫妻俩也要表示对她的感激。女儿是不是从来都没有感谢过妈妈，女儿有没有说过，有没有表达过呢? 肯定没有，女儿都觉得妈妈帮忙带小孩是理所应当的。

楚乔：对，要跟妈妈表达一下感激之情。

肥妈：说到底，这也不是什么大矛盾，而且天底下哪个外婆不爱自己的外孙或者外孙女呢? 这其中一定是你们为人子女哪个方面没有做好。

肥妈心得

老人是没有义务帮你带孩子的，他们的出发点完全是为了家庭和睦。如果子女工作都非常忙，那么家里的老人可以帮忙带，而且做子女的一定要心存感激，这种感激一定要通过某方面表达出来。因为老人在这方面还是很敏感的。多关心老人，上有老下有小，都要安抚好。

62

椰汁蟹

主料

螃蟹2只、椰子1个

配料

生姜4片、鸡蛋2个、胡椒粉少许、盐少许

步骤

1. 将螃蟹脚切下来，用刀背把壳拍碎备用；
2. 将蟹脚摆在盘底，蟹壳盖在上方，并铺上姜丝；
3. 将椰子砍开，椰汁倒入螃蟹当中，并铺上少许椰子肉，加入少许胡椒粉、盐调味；
4. 放入蒸笼蒸10分钟后，倒入2个鸡蛋的蛋清即可。

把房子买在前女友家对面，
现女友知道后要搬家

楚乔：阿妈，有一个男孩子他原来是个穷小子，那时候找了一个女
　　　朋友，但女方家里嫌他穷，都反对他们。后来经过他不懈地
　　　努力，赚了不少钱。然后他就在前女友家的对面买了一套别
　　　墅，而且他住的房子比她们家还好。他就是要让她家人知道
　　　如今的他今非昔比。不过，他现任女友知道后，非常生气，说，
　　　你住在前女友家对面，是什么意思？我不听你讲这么多，你
　　　必须搬家。可是他只有这么一套房子，搬家要搬到哪里去呢？
　　　他其实就是想气气他前女友。但就为了这个事，两个人不停
　　　地吵架。阿妈，你站在哪一方，你评评理。

肥妈：我站在女方。

楚乔：你站在女方？为什么？

肥妈：因为他心中还没有忘记前女友。

楚乔：他就是气不过，所以现在来气她。

肥妈：但他就不能让他现在这个女朋友知道。

楚乔：那可能是她从他旁边的一些朋友中打听过来的呢。

肥妈：那他现在就要跟她讲明白，买那所房子只不过是想前女友看
　　　到，现在就算她走过来，我也不会搭理了。男孩态度要坚决，
　　　搬家可以，但是我们需要把这所房子租给别人，我们买个小
　　　房子来住。

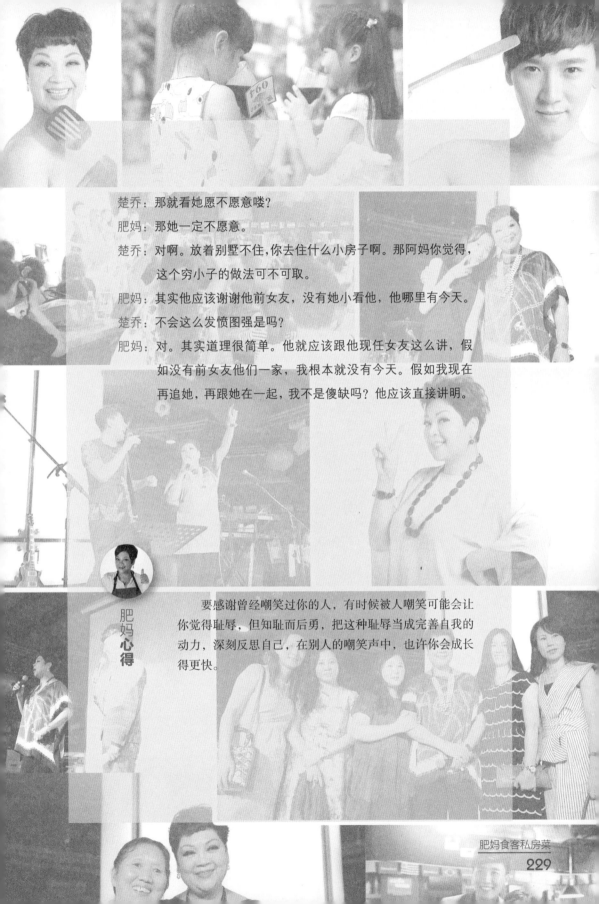

楚乔：那就看她愿不愿意喽？

肥妈：那她一定不愿意。

楚乔：对啊。放着别墅不住，你去住什么小房子啊。那阿妈你觉得，这个穷小子的做法可不可取。

肥妈：其实他应该谢谢他前女友，没有她小看他，他哪里有今天。

楚乔：不会这么发愤图强是吗？

肥妈：对。其实道理很简单。他就应该跟他现任女友这么讲，假如没有前女友他们一家，我根本就没有今天。假如我现在再追她，再跟她在一起，我不是傻缺吗？他应该直接讲明。

肥妈心得

　　要感谢曾经嘲笑过你的人，有时候被人嘲笑可能会让你觉得耻辱，但知耻而后勇，把这种耻辱当成完善自我的动力，深刻反思自己，在别人的嘲笑声中，也许你会成长得更快。

Part 3

唤醒味蕾记忆

63

黄金饭团

主料

白米饭1碗、芝士3片、鸡蛋2个

配料

面包糠半碗、盐少许、胡椒粉少许

步骤

1. 鸡蛋取蛋黄，放入切好的芝士中，加入剩饭搅拌，注意适量地添加一些面包糠使饭团更松软；
2. 在搅拌好的饭团里加入盐、胡椒粉调味；
3. 将饭团揉成球形，然后蘸一些蛋清，让面包糠粘在饭团表面，下锅炸至金黄，即可出锅。

TIPS 烹饪 小贴士

用微波炉加热芝士或者米饭，制作效果会更佳。

公公、婆婆吵架，我到底帮哪边？

楚乔：今天有一个特别头疼的问题，有位观众说，最近她先生出差了，家里只剩她跟公公婆婆。但是最近公公婆婆两个人不知道为了什么事，吵得很凶，甚至在家里大打出手。她的小女儿才4岁，经常被吓哭。阿妈，遇到这种问题，她该怎么办，老公又不在她身边，她一个人Hold不住。

肥妈：第一，她可以打电话给她老公，不是要求他回来，而是要告诉他家里现在发生这样的事，希望他自己想一下。第二，先跟婆婆讲，拉婆婆去喝茶，劝婆婆，都这么多年夫妻了，有些事情也不要跟公公计较。婆婆一定会让她评评理，然后她可以跟婆婆说，婆婆，我不好讲，我是儿媳妇，还有就是我女儿真的很疼你们，我女儿见到你们吵架心里很害怕。她在房里头跟我讲，怎么可以让爷爷爱奶奶、奶奶爱爷爷呢。

楚乔：所以用小孩打一张亲情牌。

肥妈：跟婆婆聊完之后，再约公公出来。她先表明立场，表示同意公公的观点，但是他们吵架吓到小孩子，她晚上做梦都吓醒了。

楚乔：对，这样一说老人就会心软。所以生活中，有时一些善意的谎言可以解决很复杂的问题。

肥妈心得

公婆吵架，儿媳妇经常会本能地把自己当成外人，坐视不管肯定无济于事。肥妈建议和公婆单独相处时让他们各自讲讲心里话，肯定一下他们的想法，然后为一边说说好话，最后再表达一下对家庭和睦的期望，为在外赚钱养家的老公解决后顾之忧。

64

生炒糯米饭

主料

生糯米500克、腊肠2条、腊肉100克

配料

冬菇6个、虾米半碗、香菜末少许、甜酱油2茶匙

步骤

1. 生糯米用冷水浸泡3小时；

2. 腊肠、腊肉、冬菇切丁，加虾米一起下锅炒香，盛盘备用；

3. 泡好的糯米下锅炒干，注意炒的时候要反复加水，不停翻动，直到把米炒熟；

4. 将炒好的配菜和米饭一起翻炒，出锅前加香菜末和甜酱油即可。

TIPS
烹饪
小贴士

生糯米一定要用冷水浸泡，炒出来才会香、滑。

女同事搭老公顺风车

楚乔：阿妈，如果有女同事经常搭你老公的顺风车，你觉得这是不是理所应当的事情？

肥妈：不应该。

楚乔：所以今天这位妻子就有同样的困惑，她老公的一个女同事刚好住他们家附近，每天上下班，这个女同事就搭她老公的顺风车。本来一次两次也无所谓，但有时候加班，大半夜回来也要搭顺风车。她心里特别不舒服，她应该怎么跟老公讲？

肥妈：叫他收钱。

楚乔：收钱？怎么收，出租车吗，就以起步价来？

肥妈：对啊！她自己也要坐车，也要给钱的嘛。

楚乔：那怎么好意思，而且还是男人。

肥妈：你的汽油，不需要花钱买吗？

楚乔：那位女同事心想，你反正也要上班，一辆车四个座位，我就顺带坐。

肥妈：那我生个孩子，顺便叫你一声妈，那你就不需要生了吧。

楚乔：她会不会在公司里，就传老公坏话。

肥妈：传多也好，以后没人敢欺负你老公。一个秤一个砣，做夫妻就应该这样，一个做好人，一个做坏人。

楚乔：这个女同事也是脸皮厚，一次两次就算了，还天天坐。

肥妈：对，怕什么呢，心里不舒服就要讲出来。

肥妈
心得

也许你老公并不喜欢别人坐他的顺风车，只是碍于同事情面不好拒绝，夫妻应该同心合力想一个委婉推辞的办法，而不应该为此发生争吵影响夫妻感情。另外，作为别人的女同事也应该自己斟酌，如果人家车主主动邀请偶尔搭一搭还好，但是如果人家没有邀请，自己就不要去给别人家庭制造矛盾麻烦了。

65

牛蒡水果玉米汤

主料

苹果2个、梨2个、玉米1个、牛蒡1条、猪展肉（猪的小腿肉）半斤

配料

蜜枣2粒、无花果4粒、陈皮少许、料酒少许、盐少许

步骤

1. 锅入水烧开，将猪展肉切块焯水，加料酒去腥；

2. 将苹果、梨、玉米、牛蒡切块备用；

3. 锅里再放水，将梨、苹果、玉米、焯水的猪展肉、泡水的牛蒡、无花果、蜜枣、陈皮放进锅里，大火煮开10分钟后转中火煮40分钟；

4. 最后转大火煮5分钟，放盐起锅即可。

好心办坏事

楚乔：阿妈，今天要聊的话题也跟我们吃的东西有关。有一个妈妈现在怀孕6个月了，因为她之前有流产的经历，他们又是新婚夫妇，年纪比较小，对照顾小孩、吃什么东西没经验，都不太懂。有一天，她在病房里面，她老公给她煮了薏米粥，让她喝。

肥妈：不行的！

楚乔：那个主治医生看到了就过来说，你怎么敢这样吃呢？可能是有点太着急，这个医生就骂了她。她心里很气愤，心想我就喝个粥你就这样骂我。她就投诉了那个医生，结果医院就把那个医生开除了。阿妈，你跟我们解释一下，为什么不能喝薏米粥？

肥妈：薏米粥性凉嘛。你小产过，很容易流产，他是医者父母心怕你流产，他也是担心你。

楚乔：所以，怀孕的妈妈不能喝薏米粥。

肥妈：玉米、西瓜、香蕉、马蹄都是凉的，太寒凉！

楚乔：但是，那个医生用这种大骂的方式提醒她，你觉得OK吗？

肥妈：当然不好。但是每个人都会有错，而且他是因为紧张你，你要看其出发点。因为你的投诉，别人丢掉了饭碗，我们良心上也有一点点过不去。人家读了这么多年书，才升到这个位子，你因为这个事情把人家的饭碗砸了，你一辈子好过吗？

楚乔：现在他们家里的老人也是这样说她。

肥妈：现在的人呢，太自私了，不会从别人的角度去想。像她这样有过流产经历，又是怀孕6个月，是最关键的时期。这个时候是真的要注意自己的身体跟饮食。他是你的医生，他知道你流过产，所以他太过紧张，情绪表现得比较激动。我也想说说那位医生朋友，下次如果你再有机会做医生的话，处理问题的方式要稍微柔和一些，不要那么冲动，要控制好自己的情绪。就这件事，我想跟现在的年轻人讲，有时候我们也要从另外一个角度想想，也许退一步会海阔天空。

楚乔：谢谢阿妈！

肥妈心得

别人的好意，也许因为言行不当导致误会。这个时候，我们应该将心比心。在对待他人时，要以自己的切身体验与感受去理解别人的感受。从他人最初的善意出发，理解别人、感受别人的好意，从而从内心中彻彻底底去原谅他人因为好意而造成的过失，化干戈为玉帛，对自己，对别人，都是最好的解决办法。

66

糯米鸡翅

主料

鸡翅500克、煮熟的糯米200克

配料

食用油少许、盐少许、胡椒粉少许

步骤

1. 将鸡翅从一端去骨，用油、盐和胡椒粉腌制；
2. 在鸡翅中填入事先做好的糯米并用牙签封口；
3. 入油锅小火炸至金黄即可出锅。

肥妈**私房话**

老公和朋友比较老婆家境

楚乔：阿妈，今天有一位观众朋友来信说，"我跟我老公现在结婚5年多了，感情一直不错。但最近，我发现他的很多朋友把他带坏了。他许多朋友的老婆家境都比较殷实，能在事业上帮助他们。而我的家境一般，在事业上对我老公没有什么帮助。现在他有时候就会冷嘲热讽。比如，他会说，你看，小王的老婆又帮他谈到了一笔生意，我就只能靠自己，靠不了别人。这样的情况不是一次两次，我心里特别难受"。我承认，像今天这种情况，我自己都遇到过。因为之前就有人跟我介绍女朋友，他就跟我讲，楚乔，你找她，你的人生真的少奋斗20年。但是我是真的觉得以后看别人脸色，那种感觉是很难受的，阿妈，你懂吗？

肥妈：那你要看你自己要什么，你不能总是活在别人的阴影下，你要知道你自己要什么。女孩要跟她老公讲：你这样讲，我不舒服；你有时候怨天尤人，眼红别人，就不要回来告诉我，因为你这样会伤害我；如果你有什么想法，我们夫妻可以共同努力，一起来奋斗。

楚乔：对！有些人就是这样，结婚之前都觉得蛮好，一到婚后看别人家又有这个了，那个家又有那个了，心里就有一点不平衡。

肥妈：这样是不行的。假如你这样做人的话，你一辈子都不开
　　　心，人家有的东西，你就羡慕嫉妒，那你有的东西，人家
　　　可能没有呢。表面的东西你能看到，但背后的东西你是看
　　　不到的。不是拿着一个50万的包包就是幸福！

楚乔：阿妈说得太对了，谢谢阿妈！

肥妈
心得

　　当看到别人比自己强时，心里就酸溜溜的不是滋味，于是就产生一
种包含着憎恶与羡慕、愤怒与怨恨、猜疑与失望、屈辱与虚荣以及伤心
与悲痛的复杂情感，这种情感就是嫉妒。丈夫因为嫉妒他人妻子可以给
他人的事业带来帮助，从而将不满情绪发泄在自己妻子身上，这样会导
致家庭不和睦。在物质上也许妻子无法给予自己太多帮助，但在精神和
情感上，妻子仍是你最安稳的港湾。

67

"土匪"鸡翅

主料

鸡翅500克

配料

孜然粉2汤匙、盐少许、胡椒粉少许，黑芝麻2碗

步骤

1. 洗净的鸡翅用食用油、盐、胡椒粉、孜然粉腌制入味；

2. 鸡翅腌几分钟之后撒上点黑芝麻拌匀点缀；

3. 之后将腌好的鸡翅下油锅煎制，慢火煎至鸡翅两面金黄之后，鸡翅就变身为"土匪"了。

肥妈**私房话**

到底应不应该做全职太太

楚乔： 今天有一位观众朋友，她想成为全职妈妈，但就为这个事，和老公大吵了一架。她非常想在家全身心带宝宝，但她老公不同意。她老公说，你不上班，首先，家里的收入会减少。其次，你不上班，每天都围着宝宝转，我下班回来后，你就跟我抱怨宝宝生病了，奶粉又没有了，这样会弄得我很烦躁。最后，你不跟外界接触，自己的圈子会越来越小，我们会越来越没话说。她老公的意思是她可以找一点轻松的工作，然后请爸妈或保姆来带孩子，这样他们都能有正常的生活。

肥妈： 她出去工作，一方面可以帮忙分担家里经济压力，另一方面还可以体现个人的价值。如果她整天在家里照顾小孩的话，可能真跟老公沟通不了。孩子每天都会突发一些状况，但是老公回来后，不要讲那些烦心事。多讲一些有趣的事，讲宝宝今天会笑啦，又学了什么新的东西，让老公觉得这个家庭特别温暖。就算没有小孩，当老公回来后，也不要立马就说，要换灯泡了，马桶坏了要修。她可以请老公教她，而不是一味地让他去做。

楚乔： 对。关键是你会不会做一个聪明的女人。

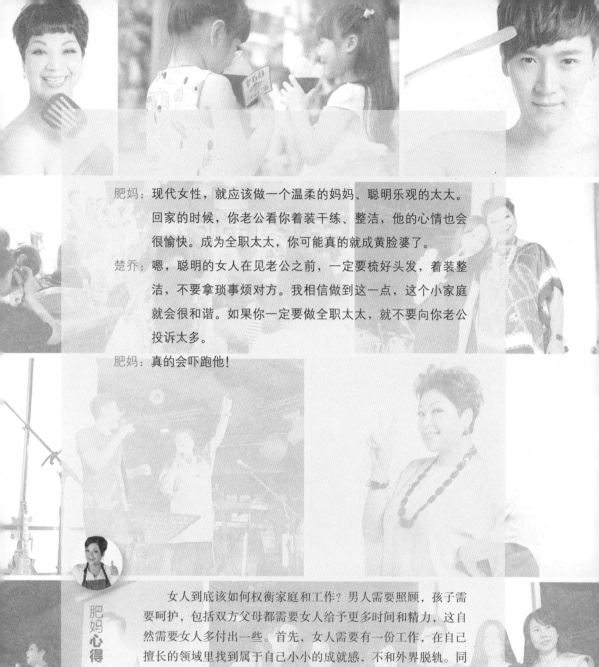

肥妈：现代女性，就应该做一个温柔的妈妈、聪明乐观的太太。回家的时候，你老公看你着装干练、整洁，他的心情也会很愉快。成为全职太太，你可能真的就成黄脸婆了。

楚乔：嗯，聪明的女人在见老公之前，一定要梳好头发，着装整洁，不要拿琐事烦对方。我相信做到这一点，这个小家庭就会很和谐。如果你一定要做全职太太，就不要向你老公投诉太多。

肥妈：真的会吓跑他！

肥妈心得

　　女人到底该如何权衡家庭和工作？男人需要照顾，孩子需要呵护，包括双方父母都需要女人给予更多时间和精力，这自然需要女人多付出一些。首先，女人需要有一份工作，在自己擅长的领域里找到属于自己小小的成就感，不和外界脱轨。同时合理安排时间，兼顾好家庭，这才是王道。

68

梅菜蒸菜心

主料

梅菜2棵、菜心500克

配料

红辣椒1个、香菜1棵、葱1棵、
麻油少许、糖少许、鸡粉少许

步骤

1. 梅菜切成碎末，倒油下锅，加麻油、糖、鸡粉翻炒至香；
2. 红辣椒切末备用，在蒸屉上铺好菜心，将炒香的梅菜倒在其表面，加少许红辣椒末蒸8到10分钟；
3. 香菜、葱切末，起锅的时候加入香菜末、葱末、少许麻油。

梅菜需要经过特殊加工，倒入锅中加麻油、糖翻炒至香方可拿去蒸，这样蒸出来的梅菜，才会香脆爽口。

 肥妈**私房话**

女儿帮男友补贴家用

楚乔：前一段时间有一位妈妈，私下一直跟我抱怨一个问题："楚乔，我女儿毕业之后，工作蛮不错，工资很高。但是，每个月都没有攒到什么钱，我也没见她给自己买什么贵重东西，也没有给当妈的买什么，钱到哪里去了呢？"于是，她就跟她这个女儿的好朋友打听，原来她女儿交了一个男朋友，她的这个男朋友毕业之后，没找到理想的工作，家里也没什么收入，女儿的钱都给他补贴家用去了。

肥妈：妈妈要跟女儿讲，你每月赚的钱，最起码要省一点点，要为往后的日子着想。

楚乔：嗯，其实这个妈妈到现在还假装不知道这个事呢。因为她女儿一直都很自立，她也很少管女儿的感情问题，那她现在要不要跟女儿坦白这个事呢？

肥妈：当然要谈，难道要等到她怀孕了才讲？母女俩平常都不沟通吗？其实妈妈跟女儿的距离是最近的。

楚乔：对啊，现在我听来，感觉她们的距离是最远的。她跟朋友讲，就是不跟她妈妈讲。

肥妈：你一定要提醒她，快点讲。什么叫找不到好的工作？一个男人要有责任心。如果一辈子都找不到自己喜欢的工作，就一辈子让女人养你吗？哪有工作是做梦可以梦到的？

楚乔：嗯。所以，阿妈，站在妈妈的角度，你会不会想，即使他出去找
了工作，赚的还是没有我女儿多，这样的男人始终给不了我女儿
幸福，还是劝他们早点分开算了。

肥妈：不会。假如那个男人很爱我女儿，我会支持他们。钱可以再赚，
钱赚了也是要花的，真爱你的人很难找，不要用钱来衡量一个人
的好坏。

楚乔：是。

肥妈：他什么都没做，他根本不需要解决问题，所有问题都是女人解决
的。你这样不是爱他，好多人都以为自己是天下无敌的好女人！
但其实你是天下无敌差的女人，你没有让那个男人去做男人应该
做的事情，你夺去了他作为男人的责任，夺去了他做你男朋友的
责任。你本来以为自己是善心，是帮助他，其实你是害了他，也
害了你自己。

楚乔：对。

肥妈：我奉劝天下的女人，我们的母爱不可以泛滥，有些母爱要收回
来。男人本来就是要养家，要负责任的人。如果你都比他好，你
都已经帮他做完了，他慢慢就变得懒惰了。

楚乔：嗯，是的。

肥妈心得

钱不能用来衡量爱情的好坏，但是男人在爱情中，就要敢于担当，
就要肩负起责任，不能像孩子一样任凭自己喜好，只做自己喜欢做的
事。他更多的是要顾及爱人、顾及家，顾及未来！而女人也不能在自己
男人面前太过强势，男人始终是男人，他有自己的尊严，不管他能力强
不强过你，不管他有没有赚得比你多，你都不能侵犯他的尊严，不能可
怜施舍，更不能责怪唾弃。你要帮助他找到一种更好的生活方式，一起
努力，创造属于你们的幸福！

69

虾米菜脯炒椰菜

主料

椰菜半棵、干虾米1小碗、菜脯200克

配料

蚝油2汤匙、葱头2粒、料酒少许、辣椒2个

步骤

1. 椰菜撕成细条，辣椒切丝，备用；
2. 锅内放少许油后，爆香葱头、虾米、菜脯；
3. 放入椰菜、泡虾米的水和料酒，上盖焖至水分干；
4. 放入辣椒、蚝油，炒干水分后出锅。

椰菜梗口感硬，难以入味，可以切成细丝状，搭配干虾米、菜脯来入味，炒时再倒入泡过干虾米的水，这样能使虾米的味道进入椰菜，也会更美味。

肥妈**私房话**

两家人为摆酒闹矛盾

楚乔：有一位观众写信来说，本来她跟她男朋友都快要结婚了，女方高高兴兴定下日子，男方却说，我们家娶媳妇，这日子得我们定。最后，女方妥协，那结婚摆酒的事就由你们负责吧。这时，男方又不同意了，说这么得罪人的事为什么都是我们这边？后来，双方决定不摆酒了，给礼金，可男方才给了5000，一般来说，礼金都不会少于10000。总之，闹得特别不愉快。

肥妈：所以呢，这就是做事的方法问题，你先让人挑嘛，对方挑完你再说。我的外甥认识了一个台湾的女孩子，我们是男方，我们全家去提亲，问女方需要多少桌酒席？需要多少张飞机票？需要多少个房间……

楚乔：你也去了，阿妈？

肥妈：对呀，我当然去了！他们见到我们之后，说，你们太有诚意了，太客气了。所以诚意有了，就不需要给很多了。

楚乔：阿妈，你太现实了吧！

肥妈：我哪里现实？我真的很有诚意，对不对？女方应该先让对方拿主意嘛，你有什么意见先放心里，不要太快作决定。或者你们就旅行结婚，回来的时候你问未来的公婆，你们喜欢什么时候摆酒就什么时候摆吧。

楚乔：我觉得有时候一点小事真的不要太计较，如选日子这种小事，真的像阿妈说的，两个人能快快乐乐地结婚，将来生个聪明的宝宝，一家人开开心心才是最重要的。

肥妈心得

　　无论是夫妻生活还是亲家间的相处，都应该先为对方着想，讲究尊敬、谦让。婚姻不是儿戏，关系到双方家庭的未来，和睦的家庭关系才是发展之道。

70

芝士焗西蓝花

主料

西蓝花1整朵、芝士3片

配料

黄油1小片、面粉3汤匙、奶油2汤匙、胡椒粉少许、盐少许、高汤半碗

步骤

1. 高汤倒入锅中，加入切好的西蓝花，过一下水，盛到碗中；

2. 黄油倒入锅中，加入面粉、奶油、胡椒粉、盐，搅拌均匀；

3. 将煮沸的汤汁淋在西蓝花的表面，撒上芝士，放入焗炉中焗5～10分钟即可。

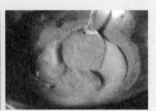

男友不愿花钱办婚礼

楚乔：阿妈，有的女生总是说，如果结婚的话，一定要办婚礼。但是很多男生觉得婚礼可有可无。但女生会觉得，这是我一辈子最重要的一天，那天我一定要穿得漂漂亮亮，要办一个豪华的婚礼。

肥妈：这是每个女孩子的梦想。

楚乔：那男生就会想，现在办婚礼需要花费十几万。如果拿这个钱，双方出国旅游度蜜月多好，何必将钱花在面子工程上呢。

肥妈：两个人说得都对。男方的想法也不错，不单是去旅行，就是买一些实用的东西也是蛮好的。女方的想法，也是很多女生的心声，我一辈子只嫁一次，最起码要有纪念。

楚乔：那作为长辈呢？比如是你儿子。

肥妈：我不会管。

楚乔：如果他不邀请你参加他们的婚礼，你也觉得没关系吗？

肥妈：没关系，只要他们俩开心就好。

楚乔：如果他们有这样开明的妈多好！

肥妈：两个小孩都快结婚了，什么问题不能解决呢。互相退让一步，办个简单的婚礼，剩下的钱还可以安排一次短途的旅行。什么事商量着慢慢来。

肥妈心得

婚礼，对于大多数的女生来说，绝对不是"广而告之"自己已婚的身份，而是一件神圣而伟大的事情。婚礼是一段自我人生的结束，它是一个终点，也是一个起点。两个人从此将共同体验艰辛，享受喜悦，风雨同舟。不管是庄重盛大的婚礼，还是幸福洒脱的旅行结婚，每个女孩都需要在心里对过去的自己说再见。既然两个人已然迈过重重阻碍准备携手步入婚姻殿堂，那么以何种方式其实就不是那么重要了。但是，作为一个爱她的男人，肥妈觉得应该尊重她，给她一个和过去的自己说再见的机会。

71

肥妈意粉

主料

细意粉1包、培根2条

配料

香芹3棵、奶酪半杯、黄油少许、牛奶少许、盐少许、胡椒粉少许、橄榄油3茶匙

步骤

1. 细意粉煮过后沥干水分，培根切丁，加橄榄油炒香；

2. 放入细意粉、黄油、盐、胡椒粉翻炒2分钟；

3. 加入奶酪和牛奶，最后撒上切碎的香芹翻炒一会儿，即可出锅。

妈妈想女儿考进重点名校

楚乔：今天，有位妈妈为女儿的学习烦恼。她觉得女儿从小学到初中，学习成绩都属于班上拔尖的那种。到了高中，尤其到高三，成绩慢慢走下坡，但是，这位妈妈还是认为女儿再努力一点，就可以考上重点大学。她女儿知道自己的极限，说，妈妈，你不要逼我，我只能考到二类学校，越逼我越考不上。这位妈妈说，你可以的，别人邻居家的孩子都行。这位妈妈每天给女儿做好吃的，晚上回来还要补习，她女儿的压力好大。

肥妈：不要这样逼她，不然的话，女儿承受不住压力的时候就会出现一些极端的行为，比如离家出走啊。她首先要确定的是她女儿有没有尽全力？

楚乔：我觉得她尽了全力。

肥妈：尽力就可以了。她在小学、初中阶段可能是最聪明的一个，但升上高中后，大家都是通过勤奋学习考进来的，自然也会碰到强者。况且女孩子在成长的过程中会出现一些心理波动。她主要看自己的儿女有没有尽力，如果是真的尽力了，也补习过了，依然不能拿到A，那就保持稳定吧。

楚乔：而且作为学生，我自己也是从这个阶段熬过来的，我深有体会，爸妈千万不要讲一句话，就是你看，隔壁的那个谁，人家考得好，你为什么不可以。你知道我们做学生的最讨厌这句话。

肥妈：每个人有自己独特的个性，家长千万不要有攀比的心态。

楚乔：其实行行出状元。

肥妈**心得**

现在，有不少孩子厌学，没有从学习中找到乐趣，甚至优等生也不例外。求知是孩子认识世界的基本途径，而追求快乐又是孩子的天性，如果孩子因为求知而被剥夺了快乐，在苦学的状态下学习，缺乏认知的需要，那么，他们便会产生厌学情绪。要想改变孩子厌学的情绪，首先要弄清孩子产生厌学情绪的原因，然后才能对症下药，让孩子快乐学习。

72

韩式炒粉丝

主料

粉丝2块、肉丝200克、鸡蛋2个、韩国泡菜1棵

配料

韩国辣酱1汤匙、胡萝卜半个、香菇5个、冬菇少许、木耳少许、芹菜1棵、鱼露2汤匙、黄糖少许、麻油少许、葱1棵、胡椒粉少许、高汤半碗、生粉1汤匙、姜3片、蒜2瓣

步骤

1. 鸡蛋打散加入生粉，搅拌均匀后用漏勺过滤；

2. 烧热平底锅加入油，再将蛋浆入锅煎成蛋皮后切丝备用；

3. 将姜片、蒜瓣切碎入锅爆香，倒入肉丝炒香后加入韩国辣酱，将胡萝卜、香菇、冬菇、木耳、韩国泡菜切成丝，放入锅中翻炒均匀；

4. 加入用水泡软的粉丝，加少许高汤，让粉丝炒匀入味；

5. 最后放入芹菜段、鱼露、黄糖、麻油、葱段、蛋皮、胡椒粉，翻炒均匀起锅。

肥妈**私房话**

老公沉迷网络

楚乔：现在流行很多手机软件，比如说微信、微博，有一位女孩子说她的老公每天沉溺于此，每天都跟陌生女人聊天。时间久了后，他老公居然想要跟别的女人结婚。他们已经结婚3年多了，她老公在网上认识了一个网名叫田螺姑娘的女人，跟她聊得很投入，连老婆都不要了，要去跟那个田螺姑娘见面，而且还在外地。她跟她老公说，这是怎么回事啊，就通过一部手机，就能让你那么开心。网络是虚拟的东西，那不是真的感情。她老公不相信，已经沉迷进去了。不但她老公这样，现在许多年轻人都是。那个女孩觉得往后的日子没法过了，她说什么，她老公都听不进去，但是网上那个女孩子说什么，他都言听计从。

肥妈：就让他走吧，上当受骗之后，他就回来了。

楚乔：到时，这个女孩子会感觉受了委屈，她一个好好的姑娘，平白无故被离婚了，老公被一个陌生女孩"抢"走了。

肥妈：可能那个人不是女人呢？现在她老公也只是凭照片说是女人，可能本人就是一个留着络腮胡、剃平头的田螺姑娘。

楚乔：对，也有可能是田螺先生、田螺舅舅。

肥妈：所以老婆一定要这样跟老公讲，我希望你不要被人骗，最好你带着一个人跟你去，不然的话人家绑票，我是赎你还是不赎你呢，我都不知道。

楚乔：明白。

肥妈：她的先生可能属于不撞南墙不回头的那种人，让他撞一下，他就明白了。不光是他，现在年轻人也是在网上说谁很爱他，到底是男是女都不知道。

楚乔：是的。

肥妈：最好从网上找几个网络诈骗的新闻，让老公看一看，叫他醒过来吧。假如他不醒，就把他让给田螺姑娘吧。

楚乔：OK，谢谢阿妈。

肥妈心得

　　网络是虚幻的，存在的漏洞和潜在的危险很多。被它们迷住的人，硬拉是很难拉出来的，说不定还会起反效果。先找些相关的反面教材，教育下他，同时让他好好感受，身边真实生活的温暖幸福。如果还不行，就让他们一头撞在南墙上，让他们自己尝到点苦头。

肥妈食客私房菜

73

药膳牛肉面

主料

牛展肉（牛小腿肉）500克、面条150克

配料

川芎4~5片、桂皮1片、香叶2片、红枣4颗、红葱头2个、生姜2片、豆瓣酱1茶匙、红辣椒1个、白洋葱1个、盐少许、胡椒粉少许、生抽少许、老抽少许、冰糖2粒、料酒少许、蚝油少许

步骤

1. 爆香红葱头、生姜，接着下锅煎香牛展肉，加盐和胡椒粉锁住肉汁；

2. 把面倒入滚水中煮熟，再捞出过凉水，加油放一旁备用；

3. 再把牛展肉、红葱头、生姜、新鲜红辣椒、川芎、桂皮、香叶、红枣、白洋葱一起倒入锅中煮沸；

4. 再加入生抽、老抽、水、豆瓣酱、冰糖、料酒调味，放入高压锅中炖煮30分钟；

5. 将炖好的牛展肉切成块状，放入锅中加蚝油收汁，最后均匀地平铺在面上。

牛展肉下锅煎前可以用叉子扎一些洞，这样更容易入味。

肥妈**私房话**

坐月子期间，婆婆竟然全煮素菜

楚乔：阿妈，今天我们要跟你聊的这个话题，也跟做饭有关系。有一位妈妈刚刚生完小孩在坐月子，她婆婆从老家过来照顾她，但是她的婆婆特别奇怪。怎么奇怪呢，她这个婆婆，一直煮素菜很少煮肉。她心想，我在坐月子，怎么能经常吃素菜呢，她私底下跟她老公讲。她老公就偷偷塞钱给她婆婆，让她买一些好菜。可是她婆婆拿到钱后，还是煮素菜。她就奇怪了，坐月子期间，婆婆不应该给我补身体吗？

肥妈：那她应该问问她婆婆嘛。

楚乔：她不好意思问。

肥妈：为什么不好意思，这种事情要坦白。可能她婆婆喜欢吃素菜。她自己喜欢吃什么，就让她老公给钱，跟婆婆讲，我喜欢吃肉。可能婆婆根本不喜欢煮肉，也不会煮。

楚乔：嗯，有可能不会煮。

肥妈：她应该坦白地跟婆婆说，我喜欢吃牛肉。假如你不会煮，你也可以把食材买回来，我自己煮。坐月子期间，一定要好好补身体，不然一辈子都补不回来。

楚乔：这个主意好。

肥妈：女人如果坐月子期间身体不补好，你往后会头疼，掉头发，骨头疼……

楚乔：所以这个关键时刻，不要再想什么面子，直接跟婆婆说，我喜欢吃肉，假如你不会煮就买回来。婆婆不会煮，就让她看我们的节目，让阿妈教她。

肥妈：叫她婆婆打开电视机，每天看我们的节目，什么肉都有，一定学得会。

肥妈
心得

婆婆的大多数习惯是从旧社会沿袭过来的，思想上、生活上、习惯上有时难免带些老传统。媳妇思想新潮，常常不易理解婆婆的习惯，故一些举动常会引起婆婆的反感，从而引起婆媳不和。在这种情况下，媳妇要注意控制自己，尽量照顾老人的性情和习惯。

74

雪菜炒年糕

主料

雪菜2棵、年糕4条

配料

榨菜丝两小包、猪肉200克、葱头3粒、小葱2棵、香菜2棵、高汤少许、盐少许

步骤

1. 雪菜切碎，小葱切段，香菜切末，用盐和油腌制肉丝3分钟，保持肉丝的嫩滑；

2. 接着在锅里放入油，爆香葱头，炒香肉丝，添上雪菜和榨菜丝后，放入切片年糕；

3. 加点高汤烹煮3分钟左右，最后放上点葱白、香菜末提香。

腌肉之前先放油，然后不要动，等它已经焦黄了再烹饪，这时的肉就很嫩了。

 肥妈**私房话**

怀孕的太太爱打麻将

楚乔：今天有一位先生遇上一点问题，想让阿妈来帮帮忙。他说，他的太太怀孕了，马上要生了。但是，他太太有一个最大的爱好就是打麻将，并且天天去麻将房。但她现在的肚子已经很大了。劝她，她不听，她说，她现在休假，也没有事情做，打打麻将放松一下。但是他觉得，万一太太自摸，情绪太激动了胎气，怎么办？

肥妈：打麻将不会影响胎儿，你相信我吧。不打麻将就影响了。

楚乔：真的假的？

肥妈：会影响他们的感情。

楚乔：但是，阿妈，我觉得那位先生说得也有道理。孕妇长时间坐着，一坐就坐八九个小时，而且麻将房里空气流通性不好，还得吸二手烟，对肚子里的孩子相当不利。

肥妈：可是先生叫她不打，她也不听啊。先生可以把太太拉出来，陪她去看看戏、去公园转转，多抽时间陪她，光讲是没有用的。她之所以喜欢打麻将，可能就是因为先生没时间陪他。

楚乔：我也觉得是。

肥妈：我有一个朋友，她生了孩子，但孩子怪了她一辈子。

楚乔：为什么？

肥妈：她在怀孕期间，24小时打麻将。后来儿子出生后，他的腿是弯的，而且弯得很厉害。他儿子现在都42岁了，走路还是有缺陷，他怪了他妈妈一辈子。因为她婆婆一直在骂他妈不要打麻将，他听到了。所以，今天我们讲打麻将到底对小孩好不好？我们不能武断地说一定不好，但是比起出去散散步，呼吸新鲜空气，那肯定是比不上后者的。

楚乔：所以这位先生就特别着急，他说我说的话，她可能不听。肥妈说了，可能她就会听了。

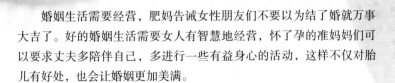

肥妈心得

　　婚姻生活需要经营，肥妈告诫女性朋友们不要以为结了婚就万事大吉了。好的婚姻生活需要女人有智慧地经营，怀了孕的准妈妈们可以要求丈夫多陪伴自己，多进行一些有益身心的活动，这样不仅对胎儿有好处，也会让婚姻更加美满。

75

韩式泡菜炒年糕

主料

娃娃菜2棵、年糕4条、泡菜1棵、鸡肉
200克、鸡肉肠2条

配料

葱头2个、葱花少许、辣椒酱3汤匙

步骤

1. 在锅里放入油，爆香葱头，将鸡肉
   和鸡肉肠切粒，炒至七成熟，盛出
   备用；

2. 将娃娃菜、泡菜切块，年糕切片，
   依次放入锅中，加辣椒酱和少量水
   焖煮3分钟；

3. 将鸡肉、鸡肉肠、葱花放入锅中和
   泡菜年糕一并翻炒，无与伦比的美
   味就大功告成了。

肥妈**私房话**

同学聚会变成了攀比大会，还该不该参加？

楚乔：一个朋友打电话来说，毕业7年了，现在大家都30多岁了，他们每年定期会举办同学聚会，全国各地的同学都飞回当年的母校来。本来聚会是联络感情，回忆一下过去。但是他现在感觉同学聚会稍微有点变味，像一个攀比场，大家会说"今年我老公升了处长了""我儿子的奥数考了全国第一""我又买了个什么名牌包包"。他觉得如果同学会大家都这样攀比，其实没什么意思，所以他就很纠结，今年的聚会还要不要去？

肥妈：这位朋友可以在网上跟同学讲我们这次的聚会，要不要有一个主题呢，在他们还没有开口前，你也可以先把主题讲出来。你也可以直接说，我很讨厌这样，我不喜欢！我来聚会不会想知道你的包包多少钱？你买了几幢房子？我不想知道。你就直接讲。

楚乔：但是咱们做人不得随和一点吗？

肥妈：你跟他很熟吗？一年才见一次！

楚乔：对。

肥妈：有时候呢，这样做你不快乐，你就要说。也不要嫉妒人家有没有，也不需要小看人家有没有，对不对？其实做人呢最主要的是开开心心，假如你觉得你的同学这样，你不开心，你就要告诉他们。

楚乔：对，不要简单说不去。

肥妈心得

地位比拼——看看谁的官大，谁的地位高。一个个都无不虚荣地吹嘘着……

金钱比拼——看看谁的钱多，谁的工资高。一个个好像都比我赚得多……

美貌比拼——看看谁的老婆漂亮，谁的老丈人更有钱、有地位……

孩子比拼——谁的孩子上的幼儿园好，谁的孩子上的小学好，谁的孩子在贵族学校……

面对这种状况，肥妈说了，做人呢最主要是开开心心，如果同学聚会变成了攀比大会，心里不喜欢就要直接和同学说出来，只有说出来，别人才能知道你心里是怎么想的。尊重自己心里所想，适时、适当地表达出来。但不要不参加，俗话说一辈子同学三辈子亲，同学友谊就是这割不断的情，也是分不开的缘。单纯的聚会，让同学情谊更深、更长。

76

海鲜煎面

主料

蛋仔面2块

配料

鱿鱼半条、青口4只、带子4粒、葱头3个、姜2片、蒜2瓣、香菜1棵、葱1根、胡椒粉少许、料酒少许、糖少许、生粉2汤匙、酱油2汤匙、麻油2茶匙、高汤半碗

步骤

1. 处理面饼，平底锅内放少许油，小火将面饼煎至两面金黄香脆，盛出备用；
2. 爆香葱头、姜、蒜，海鲜切丁入锅，加少许胡椒粉、料酒和少量水翻炒；
3. 将糖、生粉、酱油、麻油、高汤调成汁入锅；
4. 葱切段，香菜切末，撒在之前做好的面饼上即可。

和亲戚同住有矛盾

楚乔：今天有一位女观众写信来说："阿妈，我老公当时买房子的时候，说他有一个姐姐，想跟姐姐买在一起，这样我们在一起生活比较方便。所以我们买在了一栋楼里面。我们有一个女儿，姐姐也有一个女儿，所以姐姐经常晚上就带她女儿来我们家串门。但是她喜欢把音乐声开得很大，这样很吵，而且很晚才回去。我们睡得都比较早，但是也不好意思轰她们走。而且他们家女儿经常抢我们家女儿的玩具，有时还会打我们家女儿。因为她家的孩子比我们家女儿大，所以我就跟我老公投诉说你姐姐怎么可以这样子，这样对小孩太不好。他反而说都是自家人，何必这么小气，干吗跟小孩子置气呢。他都怪我太小气，所以阿妈你给评评理，到底是谁小气？"

肥妈：这位女观众确实有一点小气，说真的。

楚乔：对，她也有不对。

肥妈：但是当妈的，会忍心看自己女儿受欺负吗？我说两个都不对。相处好，同住难，你有你的一家，我有我的一家。小朋友玩在一起，一定会争吵，那是避不了的。首先她要教她小孩，怎么保护自己，那个玩具是她的，她那么小，她怎么懂这些。亲戚家的小孩也要教，在她母亲面前讲，去教她。

楚乔：对，她也算是长辈。

相处好，同住难。肥妈的建议是跟亲戚或者朋友生活在一起要有一颗平常心，在小事上不要斤斤计较，但是涉及原则的问题还是要沟通清楚。特别是在孩子的教育问题上，如果对方的家长没能很好地教育好孩子，作为长辈的你也有一定的义务去教导这个孩子。

77

自制素比萨

主料

素肠1根、鸡皮菇4个、蘑菇8个

配料

高筋面粉250克、鲜奶150克、酵母6克、盐6克、黄油16克、芝士适量、三色椒各半个、胡椒粉少许、菠萝2片、番茄酱适量、料酒适量、姜3片、蒜3瓣、葱末少许

步骤

1. 将酵母和鲜奶混合后倒入面粉中，再加入少许盐，揉成面团；

2. 面团发酵后，擀成薄饼放入烤箱；

3. 热锅冷油爆香葱、姜、蒜，放入切片的素肠、鸡皮菇、蘑菇和三色椒，加入少许黄油、料酒、盐、胡椒粉，翻炒均匀；

4. 比萨烤至半熟时，刷一层番茄酱，铺上芝士、炒好的馅料和切碎的菠萝，再放入烤箱烤至芝士熔化即可。

TIPS 烹饪小贴士

食材分量的多少可以自己掌握，但是揉面团时记住，如水不够把手沾湿再揉面，可别直接倒水，不然过湿就揉不成面团了。

 肥妈**私房话**

婚姻中的你为什么让我感觉越来越陌生？

楚乔：阿妈，今天我们来聊一聊这个话题，"怎么能够让我们在婚姻中不
会感觉彼此越来越陌生"。今天有一位女士说，她跟她老公结婚前
谈恋爱谈了3年多，现在结婚也已经3年了，有个2岁的孩子。但是她
现在感觉跟老公越来越陌生。比如，她问老公，你爱不爱我？对方
回答，我肯定爱你，不爱你，我会跟你结婚生小孩吗？

肥妈：不要这样问。

楚乔：有时候女人就会很喜欢这样问。平常在家，她与老公的交流很少，
生活按部就班，到点吃饭，到点睡觉。但是他跟其他女同事或女性
朋友，一打电话就能聊半个小时。她问阿妈，如何才能让她感觉对
方不会越来越陌生？

肥妈：现在才结婚3年，那以后日子还长呢。为什么要问老公爱不爱自己？应
该这样说，"老公我很爱你"。每天都这样讲嘛。

楚乔：阿妈，我跟你讲，我自己就深有体会，很多女孩子就很爱问另一半
爱不爱她。如果回答说爱，紧接着又会问，有多爱？每天都会在这
上面纠缠，很多男生会很不耐烦。

肥妈：对，男人最怕女人烦他。你明明是问他到哪里去？但换种方式说，
可能达到的效果会更好，比如，"老公，我好想你。"收线。他就
会很快打过来问你干吗？这时你再回答："没事，我只是单纯想你
啦！"挂线。相信他会很快回来，就算不回来，他也会告诉你，他

现在在哪里，什么时候回来。女人最好不要问，你在哪里？跟谁在一起？什么时候回来？正在做什么？千万不要问！每次都告诉你老公，你好想他，见不到他你就好想念他！什么都不需要讲就讲那两句，够了！如果老公每次回家你都说老公，你看那个灯泡又坏了，老公你看那个地毯又坏了，老公你看你儿子又不做功课了，谁想回家呢？

楚乔：阿妈，你真的说得太对了。

肥妈：所以有时候女人不要追得太紧，要像放风筝一样，松一松再紧一紧，对不对？你每天问老公爱不爱你，总有一天，他会厌烦。你每天说一些甜言蜜语，比你问千遍效果要好得多。所以，我们不仅要做一个美丽的女人，更要做一个智慧的女人。你问在场的每一个男人，喜不喜欢女朋友或老婆问你在哪里？什么时候回来？跟谁在一起？很想挂电话有没有？

楚乔：好，谢谢阿妈！

肥妈心得

很多时候，人们在生活中或多或少会有些抱怨，尤其是女人，可是又有几个女人真正审视过自己。心态的平和是做人的第一要素。我们付出了真爱，但我们的方式是否正确？静下来的时候，整理一下自己的心情，看看自己是否认识了自己？爱人是自己选的，任何的抱怨其实是对自己选择的否定，抱怨只会使对方没自信或厌恶你。女人应该宠爱自己的爱人，给他一点自由、空间，在那个时候他会感激你的体贴。

78

英式炸鱼薯条

主料

土豆2个、龙利鱼1条

配料

油少许、盐少许、胡椒粉少许、生粉2汤匙、面粉1碗、泡打粉1汤匙

步骤

1. 在面粉中加生粉、泡打粉、水，调成面糊放20分钟；

2. 在调好的面糊中放两勺油和少许盐搅拌备用；

3. 土豆切成条过冰水，捞出后沥干水分撒少许盐，下锅炸熟后盛盘；

4. 龙利鱼切片，两面撒上盐、胡椒粉，蘸上调好的面糊下锅炸至金黄色，与炸好的薯条拼盘装好即可。

小孩爱吃零食不吃正餐怎么办

楚乔：有一位妈妈，在我们的官方微博问，她的小孩今年8岁了，是个男孩，平时非常爱吃零食，基本上不吃主食。

肥妈：他每天吃那么多零食，哪里还吃得下主食呢。

楚乔：这位妈妈说，我做菜的功力还可以，但怎么就吸引不了小孩来吃我做的菜呢？并且这个小孩的体重已经超出同龄孩子的体重。这位妈妈想问问阿妈，有没有什么办法？

肥妈：第一，提高做菜的手艺。第二，不给他零花钱。家里也不准备零食。他口袋里没钱，家里也没有零食。他饿了一顿、两顿，肚子空了，妈妈煮什么他都会吃。

楚乔：爱吃零食的毛病都是惯出来的。你看今天我们煮的这道菜，你看他爱不爱吃。

肥妈**心得**

吃零食的习惯肯定是家长惯出来的。你可以告诉他，每天可以吃适量的零食，但是超出了量，肯定不行。他再要，家长坚决不能给。但如果他每天能按要求吃零食，不多吃，还可以得到额外的奖励。

79

芒果班戟

主料

芒果1个、牛奶小半碗、鸡蛋1个

配料

面粉1碗、砂糖2汤匙、鲜奶油适量

步骤

1. 先把鸡蛋液、牛奶、砂糖、面粉倒入碗中搅拌；
2. 搅拌均匀后倒入平锅中煎至金黄色；
3. 取出煎好的蛋皮，放入切好的芒果片，抹上鲜奶油，卷好即可。

TIPS 烹饪 小贴士

　　注意煎班戟皮的时候不用翻面，也不需放油，要用最小火慢慢煎，也不要煎得太厚，不然口感就大打折扣了。

儿媳妇经常加班，婆婆不高兴

楚乔：阿妈之前经常在节目里面说，你有6个小孩，12个孙子。但是阿妈，你到底有几个儿媳妇？

肥妈：3个。因为还有一个没结婚。3个儿媳妇，2个女婿。

楚乔：3个儿媳妇？那她们现在有没有工作呢？

肥妈：都在做工，只是我女儿不工作而已。

楚乔：儿媳妇出去做工，我们觉得都可行。但重点是，如果儿媳妇每天晚上要加班，比如说，陪领导出去应酬，你会不会生气？

肥妈：那要看她做什么工作？假如她是做公关，你就不能生气。

楚乔：今天呢，有一位先生说他的媳妇是做营销工作的，晚上经常要出去陪领导应酬，所以他妈妈就非常不开心。但是他媳妇说，我也要赚钱养家。她婆婆认为，女人结婚了，就应该以家庭为重。后来他媳妇学聪明了，就不说陪领导出去应酬。后来，有一天，她婆婆就跑到她办公室去查岗，结果没发现人。善意的谎言被拆穿了，回来后，双方大吵了一架。

肥妈：我觉得好奇怪，两个女人吵架，他干吗去了，他为什么不站出来调解呢。再加上她做的是营销工作，不向别人推销，业绩从何而来？

楚乔：对！应该是她老公站出来。

肥妈：他老婆的工作性质就是这样，他应该跟自己的妈妈说清楚。要不然待在家里，钱从哪里来呢？

肥妈：儿媳妇出去工作养家，也爱这个家庭，本来家庭挺美满的，婆婆就不要再多生事端了。

楚乔：我们问问现场的观众，如果你的儿媳妇晚上要加班，你怎么办？

观众：我会叫我儿子去接，这是最聪明的做法。

楚乔：作为婆婆，就应该一致对外，维护好家庭的和谐。作为丈夫，也应该去接老婆，这样你妈妈就不会怀疑了。

肥妈心得

　　因工作关系需经常加班的儿媳妇，首先要考虑到家庭成员的感受。和老公，公公婆婆好好沟通，切勿撒谎、欺骗。无论亲情、友情、爱情都不可失去信任。若家人觉得这份工作不利于家庭和睦，可选择另一份时间有弹性的工作。妥善处理好关系，家庭才会幸福。那么作为父母也应该理解，用委婉的方式和儿媳妇沟通，方可达到同样的效果。

《食客准备》团队主创人员

出 品 人：岳川江
总 监 制：苏会军
监 制：李 静 夏 枫 江 辉
总制片人：陈天亮
执行制片人：佘丽敏 薛 登
主 编：张 苗 易 佳
制作统筹：王 希
主 持 组：楚 乔 涓 子 张 达 李念念
侯 娜 刑书悦 玄 雨
编 导 组：潘 榕 曹 争 胡育缤 彭梦云
王 帅 朱妍烨 王祎芸 黄梦竹
钟怡慧 陈梦圆 廖 晗 闫继业
吕金孟 白贺阳 王 俊 黄 赟
唐 诗 樊 欣 付博闻 谢 娜
陈柯静
摄 像 组：尹璟杰 沈 坤 熊 玙 吴勇辉
刘成辉
制 片：王丽玮

2011年10月，肥妈加入《食客准备》。

2012年6月，《食客准备》开启泰国芭堤雅美食之旅。

2012年10月31日，我们迎来了1周岁庆典。

2013年1月，开启韩国济州岛的寻食之旅。

喜逢首届深圳餐饮风云榜发布会。

2013年度深圳餐饮风云榜颁奖典礼合照。

800道菜，800个日夜，回首与节目一起成长的每一天，肥妈和工作人员潸然落泪。

2014年11月，《食客准备》3周年暨肥妈新书预赠活动现场。

2014年12月，《食客准备》3周岁，我们又换了更大更漂亮的新厨房。

2015年1月，节目改版变新锐。图为《食客准备》主持人念念来做客。

《食客准备》将继续美食与爱的旅程，我们与您的故事未完待续。

听肥妈讲故事的人都知道她的世界里有一位王子般绅士的老公，而这群听故事的人何尝又不是活在她和王子的故事里。

食客私房话环节，肥妈总是正能量的传播者。2012年4月，这位身患癌症的阿姨联系到节目组希望能当面感谢肥妈，现场讲述她一年前深陷癌症的痛苦，对生活失去希望，却因为关注《食客准备》节目后被肥妈打动，重新找到继续生活的勇气并成功战胜病魔。

肥妈的睿智来源于丰富的生活经历，6个儿女，12个孙子、孙女的大家庭是肥妈最看重的，而她也是这个大家庭的灵魂人物。

2013年8月，《食客准备》迎来最年长粉丝。因为对肥妈和节目的喜爱，这位90岁的老奶奶坚持要亲自来一次现场看肥妈。

齐阿姨，《食客准备》的活跃铁粉。图为齐阿姨携老公参加肥妈食客粉丝会。

这位准妈妈听说恋爱前就开始看阿妈的节目，笑谈如今宝宝的胎教必修课就是《食客准备》。

小萝莉和爷爷、奶奶一起喜欢上了肥妈的节目！

"iHappy 书友会" 会员申请表

姓　名（以身份证为准）：＿＿＿＿＿＿＿；　性　别：＿＿＿＿＿＿＿＿＿；

年　龄：＿＿＿＿＿＿＿＿＿＿＿；　职　业：＿＿＿＿＿＿＿＿＿；

手机号码：＿＿＿＿＿＿＿＿＿；　E-mail：＿＿＿＿＿＿＿＿＿；

邮寄地址：＿＿＿＿＿＿＿＿＿；　邮政编码：＿＿＿＿＿＿＿＿；

微信账号：＿＿＿＿＿＿＿＿＿＿＿（选填）

请严格按上述格式将相关信息发邮件至中资海派"iHappy 书友会"会员服务部。

邮　箱：zzhpHYFW@126.com

微信联系方式：请扫描二维码或查找 zzhpszpublishing 关注"中资海派图书"

优惠订购	订阅人		部　门		单位名称		
	地　址						
	电　话				传　真		
	电子邮箱			公司网址		邮　编	
	订购书目						
	付款方式	邮局汇款	中资海派商务管理（深圳）有限公司 中国深圳银湖路中国脑库 A 栋四楼　　　邮编：518029				
		银行电汇或转账	户　名：中资海派商务管理(深圳)有限公司 开户行：招行深圳科苑支行 账　号：81 5781 4257 1000 1 交行太平洋卡户名：桂林　卡号：6014 2836 3110 4770 8				
	附注	1. 请将订阅单连同汇款单影印件传真或邮寄，以凭办理。 2. 订阅单请用正楷填写清楚，以便以最快方式送达。 3. 咨询热线：0755−25970306转158、168　传　真：0755−25970309 E-mail: szmiss@126.com					

→利用本订购单订购一律享受九折特价优惠。

→团购 30 本以上八五折优惠。